RAL · NEU 研究报告 No. 0028

Ni 系超低温用钢强韧化机理及生产技术

轧制技术及连轧自动化国家重点实验室
（东北大学）

北 京
冶 金 工 业 出 版 社
2020

内 容 简 介

本研究报告介绍了东北大学轧制技术及连轧自动化国家重点实验室在 Ni 系超低温用钢强韧化机理及生产技术方面的最新进展。主要包括：Ni 系低温钢的高温变形行为、相变规律及在 QT 工艺条件下工艺参数对组织性能的影响规律、组织的演变规律和物理冶金原理、TMCP-UFC-LT 工艺对 Ni 系低温钢组织及力学性能的影响规律及其强韧化机理、Ni 系低温钢的工业化技术。

本报告可供冶金、材料、能源等领域的科技人员阅读，也可供中、高等院校师生参考。

图书在版编目(CIP)数据

Ni 系超低温用钢强韧化机理及生产技术/轧制技术及连轧自动化国家重点实验室（东北大学）著. —北京：冶金工业出版社，2018.7（2020.1 重印）

（RAL · NEU 研究报告）

ISBN 978-7-5024-7802-5

Ⅰ.①Ni…　Ⅱ.①轧…　Ⅲ.①超低温—低温钢—强化机理—研究报告　②超低温—低温钢—炼钢—研究报告　Ⅳ.①TG142.74

中国版本图书馆 CIP 数据核字（2018）第 134968 号

出 版 人　陈玉千

地　　址　北京市东城区嵩祝院北巷 39 号　邮编　100009　电话　(010)64027926

网　　址　www.cnmip.com.cn　电子信箱　yjcbs@cnmip.com.cn

策　　划　任静波　责任编辑　卢　敏　美术编辑　彭子赫

版式设计　孙跃红　责任校对　卿文春　责任印制　李玉山

ISBN 978-7-5024-7802-5

冶金工业出版社出版发行；各地新华书店经销；北京虎彩文化传播有限公司印刷

2018 年 7 月第 1 版，2020 年 1 月第 2 次印刷

169mm×239mm；9.5 印张；148 千字；137 页

54.00 元

冶金工业出版社　投稿电话　(010)64027932　投稿信箱　tougao@cnmip.com.cn

冶金工业出版社营销中心　电话　(010)64044283　传真　(010)64027893

冶金工业出版社天猫旗舰店　yjgycbs.tmall.com

（本书如有印装质量问题，本社营销中心负责退换）

研究项目概述

1. 研究项目背景与立题依据

随着我国能源消耗量的激增，过度依赖煤炭造成了严重空气污染，大规模使用天然气等清洁能源已成为发展趋势。预计到2020年，我国液化天然气（LNG）需求量将达1700亿吨，液化石油气（LPG）需求量将达4000万吨以上。基于此，我国计划建设超过200个特大型LNG储罐、约60艘大型LNG海上运输船及40余艘LPG运输船，其中储运设施关键材料Ni系低温钢的用量将高达60万吨。由于LNG和LPG温度极低且具有可燃性，因此为确保安全性要求Ni系低温钢在超低温条件下需要具备较高的强韧性和良好的焊接性能。为了获得良好的强韧性匹配，工业上一般采用离线淬火+回火（QT）工艺生产Ni系低温钢。

我国Ni系低温钢的发展较晚，过去基本依赖进口。国外产品价格昂贵而且交货周期长，严重制约了我国能源化工行业的发展，因此实现Ni系低温钢的国产化非常重要。尽管近年来国内已有企业能生产5%Ni钢及9%Ni钢等镍系低温钢，但是产品的质量还不够稳定，不能完全得到用户的认可。因此，有必要对QT工艺条件下Ni系低温钢的组织性能调控原理和方法进行研究，并优化生产工艺，提高Ni系低温钢的力学性能，从而提升我国Ni系低温钢的市场竞争力。

Ni合金占Ni系低温钢成本的比重较大，而且较高的Ni含量还会给后续炼钢、连铸及焊接等工序带来许多问题，因此研发减Ni化钢板对于国内Ni系低温钢的发展具有重要意义。但是Ni含量降低会导致钢板中逆转奥氏体含量下降，低温韧性恶化。尽管QLT工艺可以显著提高钢中逆转奥氏体含量从而提高低温韧性，但QLT工艺得到的钢板强度偏低，且工序复杂，很少在实际生产中使用。日本对7%Ni钢采用在线淬火+亚温淬火+回火（TMCP-UFC-LT）工艺，使7%Ni钢的综合使用性能达到9%Ni钢水平，可应用于大型陆基 LNG 储罐的建造，LNG 储罐建造质量提高、造价降低。然而，我国节 Ni 型 Ni 系低温钢尚属空白，威胁着 LNG 和 LPG 储运设施的自主建设及国际竞争力的提高。因此，开展 TMCP-UFC-LT 工艺条件下 Ni 系低温钢的组织性能演变规律研究和工艺开发具有重要的理论和现实意义。

2. 研究进展与成果

我国能源消费过度依赖煤炭，造成大量温室气体和粉尘排放。清洁的天然气利用对我国能源结构调整、节能减排有重大战略意义。我国清洁能源每年以 15%左右的增速增长，但占一次能源比例还没有达到国际平均水平的四分之一，与发达国家仍存在较大差距。为此，国家形成了“西气东输、北气南下、海气登陆”的清洁能源发展战略，需要大力发展清洁能源储运设施建设，为 Ni 系低温钢的发展提供了广阔的市场前景。

Ni 系低温钢是业界公认为技术含量最高、生产难度最大的钢种之一，其超低温服役环境要求其性能必须具有高的强度、良好的超低温韧性、焊接性能和抗裂纹扩展能力等。长期以来，我国 Ni 系低温钢基本依赖进口，造成清洁能源储运设施价格大幅上涨，制约了我国清洁能源战略的推行和发展。尽管近年来我国已实现了 Ni 系低温钢的国产化，但是有关 Ni 系低温钢的物理冶金原理尚不明确，造成组织结构控制目标和轧制、热处理工艺开发只能处于“知其然不知其所以然”的状态，产品质量稳定性差、剩磁高、合金成本高，降低了我国 Ni 系低温钢的市场竞争力。因此，必须对 Ni 系低温钢的组织性能调控原理和方法进行探索研究，开发具有自主知识产权的相关生产技术，实现低成本、高韧性 Ni 系低温钢的生产开发。

（1）通过系统研究 Ni 系低温钢的高温变形行为、相变规律以及 QT 工艺条件下工艺参数对组织性能的影响规律和组织的演变规律，明确了 QT 工艺条件下 Ni 系低温钢的物理冶金学原理，开发出具有自主知识产权的 Ni 系低温钢生产技术。

1）系统阐述了 Ni 系低温钢的奥氏体高温变形行为。3.5%Ni 钢、5%Ni 钢和 7%Ni 钢的动态再结晶激活能分别为 347.02kJ/mol、356.94kJ/mol 和 367.14kJ/mol。分析了 Ni 系低温钢高温变形抗力与变形温度、应变速率和变形量的关系，并建立了变形抗力模型。静态再结晶软化率随变形温度的升高和道次间隔时间的延长而增加。在相同的变形温度和道次间隔时间条件下，Ni含量最低的3.5%Ni钢静态再结晶软化率最高，表明Ni元素抑制了静态再结晶的发生。

2）对比研究了不同Ni含量的Ni系低温钢的相变规律。Ni系低温钢在不同冷却速度下的组织主要为多边形铁素体、珠光体、针状铁素体、粒状贝氏体、下贝氏体、板条马氏体。在低冷却速度下Ni能够抑制铁素体相变，促进贝氏体和马氏体相变；在高冷却速度下Ni则会抑制贝氏体相变，促进马氏体相变，并会显著降低马氏体的临界冷却速度。随着冷却速度的增加，维氏硬度逐渐增加，当冷却速度增加到一定程度时，维氏硬度的增速变慢。

3）通过对QT热处理过程中Ni系低温钢组织性能变化规律和强韧化机理的研究，得到了具有良好组织形态与综合力学性能的工艺范围。Ni系低温钢的原奥氏体晶粒尺寸随奥氏体化温度的升高而逐渐增加，因此奥氏体化温度不宜选择太高。随着回火温度的增加和回火时间的延长，逆转奥氏体的含量增加且尺寸增大。但是逆转奥氏体的含量增加会使得其中富集的C、Mn和Ni元素浓度降低，导致逆转奥氏体稳定性降低，在低温下重新转变为马氏体，反而恶化了钢板的低温韧性。

4）探讨了QT工艺条件下Ni含量对Ni系低温钢组织的影响规律，分析了Ni元素提高Ni系低温钢低温韧性的影响机理。随着Ni含量的增加，韧脆转变温度降低，-196℃冲击功增加。经QT处理后四种成分的Ni系低温钢组织均为回火马氏体和少量逆转奥氏体。Ni对原奥氏体晶粒有一定的细化作用，但是细化作用较小。随着Ni含量的增加，逆转奥氏体含量增加，尺寸增大。逆转奥氏体含量的增加是冲击韧性改善的主要原因。逆转奥氏体的韧化机理主要为：净化基体，消除渗碳体的析出，提高基体的塑性变形能力；在冲击过程中发生相变，缓解裂纹尖端应力集中并阻碍裂纹扩展。

（2）基于新一代TMCP技术，采用低温控轧工艺细化晶粒，热轧后采用超快冷快速冷却到室温，从而代替传统的离线淬火过程，随后结合亚温淬火+回火工艺（TMCP-UFC-LT）制备了低Ni钢板，并系统研究了TMCP-UFC-LT工艺对Ni系低温钢组织及力学性能的影响规律，并对其强韧化机理进行了讨论，为开发低成本、高韧性Ni系低温钢奠定工艺基础。

1）系统研究了热轧工艺对Ni系低温钢轧态晶粒的影响。奥氏体再结晶区压下率在50%以上，未再结晶区压下率在60%以上时，得到的奥氏体晶粒细小、均匀。终轧温度过高时容易产生混晶，终轧温度为820℃时，得到的奥氏体晶粒较为细小。5%Ni 钢热轧后采用超快冷得到细小的淬火马氏体和少量贝氏体组织，而空冷则得到多边形铁素体、珠光体和少量贝氏体组织。重新奥氏体化后，超快冷工艺钢板的原奥氏体晶粒更为细小。

2）系统研究了 TMCP-UFC-LT 工艺对 Ni 系低温钢组织性能的影响。TMCP-UFC-LT 工艺处理的实验钢组织为回火马氏体、临界铁素体和一定量的逆转奥氏体，热稳定性良好的逆转奥氏体是 Ni 系低温钢具有良好低温韧性的主要原因。TMCP-UFC-LT 工艺条件下 3.5%Ni 钢在-135℃的冲击功为237J；5%Ni 钢和7%Ni 钢在-196℃的冲击功分别为185J 和222J。相比 QT 工艺，TMCP-UFC-LT 工艺条件下 Ni 系低温钢具有更高的冲击韧性，与 QLT 工艺相比，工艺流程缩短且强度更高，可见 TMCP-UFC-LT 工艺生产的钢板具有更好的综合力学性能。

3）研究了 TMCP-UFC-LT 工艺条件下逆转奥氏体的形成机制和韧化机理。TMCP-UFC-LT 工艺条件下逆转奥氏体存在两种形态，一种为分布在板条间的针状逆转奥氏体；另一种为分布在原奥氏体晶界和板条束边界处的块状逆转奥氏体。细小的有效晶粒和适量稳定性高且弥散分布的针状逆转奥氏体是 TMCP-UFC-LT 工艺钢板具有优异低温韧性的主要原因。相比在大角度晶界处析出的块状逆转奥氏体，针状逆转奥氏体分布更加弥散，可以更有效地阻碍裂纹扩展，提高裂纹扩展功。

（3）在南钢炉卷轧机生产线上实现了 Ni 系低温钢的工业规模化生产，钢板的各项力学性能达到标准和客户的要求，其中低温韧性远高于标准要求，可用于建造大型深冷储罐和深冷压力容器，并已开始推广应用。

本项目所开发的 Ni 系超低温用钢生产技术，实现了高强韧性、高稳定性控制和合金减量化，产生了显著的经济和社会效益，具有很强的市场竞争力。

3. 论文、专利、鉴定及获奖情况

论文：

（1）Wang M, Liu Z, Li C. Correlations of Ni contents, formation of reversed austenite and toughness for Ni-containing cryogenic steels [J]. Actametallurgicasinica (English letters), 2017, 30 (3): 238~249.

(2) Wang M, Liu Z. Effects of ultra-fast cooling after hot rolling and intercritical treatment on microstructure and cryogenic toughness of 3.5%Ni steel [J]. Journal of materials engineering and performance, 2017, 26 (7): 1~9.

(3) Wang M, Xie Z, Li C, et al. The development of Ni-containing cryogenic steels and their industrial manufacturing [C]. Energy materials 2014, 2014: 903.

(4) Liu Z, Wang M, Chen J, et al. Development and applications of new generation Ni-containing cryogenic steels in P. R. China. Energy materials 2017, 2017: 415.

(5) Xie Z, Liu Z, Wang G. Development of online heat treatment processing for 9Ni steel plates [C]. The third Baosteel biennial academic conference, 2008: 141~144.

(6) Xie Z, Liu Z, Chen J, et al. Investigaiton of static recrystallization behavior of 9Ni steel during thermomechanical processing [C]. Proceeding of the 10th international conference on steel rolling, 2010: 164.

(7) 王猛, 刘振宇, 李成刚. 轧后超快冷及亚温淬火对5%Ni微观组织与低温韧性的影响机理 [J]. 金属学报, 2017, 53 (8): 947~956.

(8) 王猛, 孙明雪, 李成刚, 刘振宇. 冷却速度对5Ni钢组织和相变温度的影响 [J]. 东北大学学报 (自然科学版), 2014, 35 (2): 223~227.

(9) 王猛, 孙明雪, 李成刚, 刘振宇. 淬火和回火工艺对3.5Ni钢组织和力学性能的影响 [J]. 材料热处理学报, 2015, 36 (3): 83~89.

(10) 谢章龙, 刘振宇, 王国栋. 低碳9Ni钢的动态再结晶数学模型 [J]. 东北大学学报 (自然科学版), 2010, 31 (1): 51~55.

(11) 谢章龙, 刘振宇, 王国栋. 热处理工艺对9Ni钢组织与性能的影响 [J]. 金属热处理, 2010, 35 (6): 37~42.

(12) 谢章龙, 陈俊, 刘振宇, 王国栋. 直接双相区热处理工艺参数对9Ni钢组织性能的影响 [J]. 材料热处理学报, 2011, 32 (5): 68~73.

(13) 谢章龙, 刘振宇, 陈俊, 徐蓉, 王国栋. 9Ni钢薄板的奥氏体化温度及强韧化因素分析 [J]. 钢铁研究学报, 2011, 23 (9): 37~41.

（14）谢章龙，刘振宇，陈俊，王国栋. 双相区保温温度对 9Ni 钢组织性能的影响及增韧机理［J］. 材料热处理学报，2013，34（5）：51~57.

（15）谢章龙，刘振宇. 9Ni 钢组织演变、合金元素配分及增韧机理的研究［J］. 材料科学与工艺，2013，21（2）：6~13.

专利：

（1）刘振宇，谢章龙，杨哲，王国栋. 一种低碳 9Ni 钢的厚板的制造方法［P］. 辽宁：CN101215668A，2008-07-09.

（2）刘振宇，王猛，李成刚，王国栋. 一种高韧性 3.5Ni 钢板的制备方法［P］. 辽宁：CN105177445A，2015-12-23.

（3）刘振宇，王猛，李成刚，王国栋. 一种液化天然气储罐用 7Ni 钢板的制备方法［P］. 辽宁：CN105543694A，2016-05-04.

成果鉴定：

液化天然气储运用镍系超低温钢关键技术开发与应用（2016 年山西省科技成果鉴定）：近三年项目完成单位生产的镍系超低温钢板建造 16 万立方米以上特大型 LNG 储罐 20 座、大型 LNG 和 LPG 罐船 26 艘（其中出口 23 艘），打破了国外对镍系超低温钢的垄断，全面取代了进口，对我国天然气发展战略安全具有重要意义，经济、社会效益显著。综上所述，项目总体技术达到国际先进水平。

成果获奖：

（1）南京市科技进步一等奖（LNG 专用 9%Ni 钢中厚板关键技术开发及产品应用，2014 年）

（2）江苏省科技进步二等奖（LNG 专用 9%Ni 钢中厚板关键技术开发及产品应用，2014 年）

4. 项目完成人员

主要完成人	职　　称	单　　位
刘振宇	教授	东北大学 RAL 国家重点实验室
李成刚	工程师	东北大学 RAL 国家重点实验室
陈俊	讲师	东北大学 RAL 国家重点实验室
曹光明	副教授	东北大学 RAL 国家重点实验室

续表

主要完成人	职　　称	单　　位
唐帅	副教授	东北大学 RAL 国家重点实验室
周晓光	副教授	东北大学 RAL 国家重点实验室
张维娜	副研究员	东北大学 RAL 国家重点实验室
陈其源	博士研究生	东北大学 RAL 国家重点实验室
任家宽	博士研究生	东北大学 RAL 国家重点实验室

5. 报告执笔人

刘振宇、王猛、陈其源、李成刚、陈俊、曹光明等

6. 致谢

在本项研究工作过程中，除了课题组成员的努力工作之外，还得到了实验室领导、同事，以及各合作企业的相关领导和工程技术专家的帮助和支持，这对于项目的顺利实施和完成起到重要的推动作用。

轧制技术及连轧自动化国家重点实验室王国栋院士对项目的研究工作从宏观方向的把握和具体实验的开展都给予了耐心的指导和悉心的帮助，王院士还特别关心课题组年轻人成长，在实验和现场试制的关键时刻始终给予了充分的肯定和热情的鼓励，使我们这些弄潮儿克服了一个又一个困难，进入了科研的海洋。

衷心感谢实验室主任王昭东教授、副主任李建平教授、张殿华教授、赵宪明教授、从广宇老师等领导给予的帮助和支持。

我们也特别感谢合作企业南钢、太钢的相关领导和工程技术人员。衷心感谢南钢股份有限公司的黄一新、祝瑞荣、楚觉非及霍松波、谢章龙、李翔、孙超等领导专家的大力支持；衷心感谢太钢集团的王一德、李建民、王立新、崔天燮、田晓青、刘东风、孟传峰等领导专家的大力支持；向所有对本项目给予帮助和支持的领导和工程技术人员表示由衷的感谢！

最后，我们还要感谢实验室所有为本项成果曾付出辛劳和奉献的老师多年来的帮助与支持！

目　　录

摘要 …… 1

1　Ni 系低温钢概述 …… 3

1.1　引言 …… 3
1.2　Ni 系低温钢 …… 3
1.2.1　常用 Ni 系低温钢的类型 …… 3
1.2.2　Ni 系低温钢的发展 …… 3
1.2.3　Ni 系低温钢的成分体系 …… 5
1.2.4　Ni 系低温钢的生产工艺 …… 7

2　Ni 系低温钢的高温变形规律 …… 8

2.1　引言 …… 8
2.2　实验材料及方法 …… 8
2.2.1　实验材料 …… 8
2.2.2　单道次压缩实验 …… 9
2.2.3　双道次压缩实验 …… 9
2.3　高温奥氏体动态再结晶行为 …… 10
2.3.1　应力-应变曲线 …… 10
2.3.2　动态再结晶数学模型 …… 13
2.4　Ni 系低温钢变形抗力分析 …… 18
2.4.1　变形温度对变形抗力的影响 …… 18
2.4.2　应变速率对变形抗力的影响 …… 19
2.4.3　变形程度对变形抗力的影响 …… 19
2.4.4　变形抗力模型 …… 20

2.5 高温奥氏体静态再结晶行为 …… 22
2.5.1 软化率的变化规律 …… 22
2.5.2 静态再结晶激活能确定 …… 24
2.5.3 静态再结晶动力学 …… 25

3 Ni 系低温钢的相变规律 …… 28

3.1 引言 …… 28
3.2 实验材料及方案 …… 28
3.2.1 实验材料 …… 28
3.2.2 实验方案 …… 28
3.3 实验结果及讨论 …… 30
3.3.1 连续冷却过程中的组织转变 …… 30
3.3.2 连续冷却相变行为 …… 38
3.3.3 维氏硬度分析 …… 40
3.3.4 合金元素的配分 …… 40

4 QT 工艺条件下 Ni 系低温钢的强韧化 …… 43

4.1 引言 …… 43
4.2 QT 工艺对 Ni 系低温钢组织性能的影响 …… 43
4.2.1 实验材料及方法 …… 43
4.2.2 3.5%Ni 钢组织演变与力学性能 …… 45
4.2.3 5%Ni 钢组织演变与力学性能 …… 52
4.2.4 7%Ni 钢组织演变与力学性能 …… 60
4.2.5 9%Ni 钢组织演变与力学性能 …… 64
4.3 Ni 含量对 Ni 系低温钢强韧化的影响机理 …… 67
4.3.1 Ni 对低温韧性的影响 …… 69
4.3.2 Ni 对显微组织的影响 …… 69
4.3.3 韧化机理分析 …… 75

5 Ni 系低温钢的 TMCP-UFC-LT 工艺开发 …… 81

5.1 引言 …… 81

5.2 热轧工艺对Ni系低温钢轧态晶粒的影响 …… 82
5.2.1 实验材料及方案 …… 82
5.2.2 压下率分配对轧态晶粒的影响 …… 83
5.2.3 终轧温度对轧态晶粒的影响 …… 85
5.2.4 冷却方式对组织的影响 …… 86
5.3 TMCP-UFC-LT工艺对Ni系低温钢组织性能的影响 …… 87
5.3.1 实验材料及方法 …… 87
5.3.2 实验结果及分析 …… 88
5.3.3 讨论 …… 102
5.4 逆转奥氏体的形成机制 …… 120

6 Ni系低温钢的工业化应用 …… 124

6.1 引言 …… 124
6.2 Ni系低温钢工业生产 …… 124

参考文献 …… 131

摘　要

随着我国工业的发展和国民生活水平的提高，能源消耗量大幅度增加。但是，在我国能源消费中，煤占一次能源消费的比重在60%以上，造成大量温室气体和粉尘排放。雾霾天气和PM2. 5超标已极为严重，对居民的工作生活和身体健康造成了严重的危害。近几年我国碳排放年增量几乎占了全世界的70%，面临着极大的能源转型和碳排放压力。增加天然气等清洁能源在我国一次能源消费中的比重是解决我国所面临的能源与环境问题的主要措施之一。

2001~2015年间，我国天然气消费以每年15. 9%的速度增长，占一次能源比例上升到5. 9%，但距国际平均水平的23. 8%仍然差距较大。引进液化天然气（LNG）是我国进口天然气的主要形式之一。2012年我国液化天然气进口量达1470万吨，2008年以来年均增长38%，预期到2020年进口量将达到3000万吨。自90年代以来，我国液化石油气（LPG）消费量的年均增长达14. 9%，但是国内石油资源贫乏，使得LPG的产量远远不能满足国内日益增长的需求，因此需要大量进口LPG。2011年我国液化石油气消费量约为2419万吨，预计到2020年我国LPG的需求量将增加到4000万~5000万吨。清洁的LNG与LPG的利用对我国能源结构调整、节能减排、保护生态环境有重大战略意义。

由于LNG与LPG的超低温性和可燃性，因此要求其储罐具有良好的耐低温性能。LNG与LPG储罐具有体积大、服役温度低、服役时间长及安全要求高等特点，这要求其内胆结构材料具有高强度、超低温韧性、抗低温裂纹扩展性能、良好的焊接性能与工艺适应性。相对于奥氏体不锈钢，Ni系低温钢合金化成本更低且强度更高，相对于铝合金，Ni系低温钢拥有较高的强度和较好的焊接性能。因此，一般选用Ni系低温钢作为LNG和LPG等液化气体储存和运输设备的内胆结构材料。

为了解决进口LNG和LPG的储运瓶颈问题，到2030年，国家计划在沿海20余个城市建设超过200个特大型LNG储罐，建造约60艘大型LNG海上运输船及40余艘LPG运输船来满足增长的LNG及LPG储运要求。这将需要大量的Ni系低温钢，为Ni系低温钢的发展提供了很好的机遇。我国Ni系低温钢的发展较晚，过去基本依赖进口。国外产品价格昂贵而且交货周期长，严重制约了我国能源化工行业的发展，因此实现Ni系低温钢的国产化非常重要。

近年来，我国开展了Ni系低温钢的研制工作，并取得了较大的进展，但是生产中还存在产品质量稳定性差、剩磁高等问题，而且钢中添加合金元素较多导致成本较高。为了进一步提升我国Ni系低温钢的市场竞争力，对Ni系低温钢的组织性能调控原理和方法进行了大量探索研究，摸清了热处理过程中组织性能之间的关系和Ni元素的强韧化机理，通过优化工艺，改善Ni系低温钢的力学性能，实现了低成本、高韧性Ni系低温钢的生产开发。

本研究报告的目的是较为系统地介绍Ni系低温钢的强韧化机理和组织性能调控基本规律。主要研究内容如下：

（1）介绍Ni系低温钢的生产技术，叙述了Ni系低温钢的成分体系、生产工艺及发展；

（2）介绍Ni系低温钢的高温变形规律，建立了Ni系低温钢的动态再结晶和静态再结晶数学模型和变形抗力模型；

（3）介绍Ni系低温钢的相变规律，分析了Ni系低温钢在连续冷却过程中的显微组织变化及相变行为，同时探讨了Ni含量对Ni系低温钢相变行为的影响；

（4）介绍QT工艺条件下Ni含量对Ni系低温钢组织性能的影响规律，分析了Ni含量对Ni系低温钢强韧性的影响机理；

（5）介绍提高低Ni钢逆转奥氏体含量的TMCP-UFC-LT工艺，研究了控制轧制和超快速冷却对Ni系低温钢组织的影响规律，分析了TMCP-UFC-LT工艺的强韧化机理；

（6）最后介绍了Ni系低温钢的工业化生产技术。

关键词：Ni系低温钢，显微组织，逆转奥氏体，热处理，控制轧制，超快速冷却，低温韧性

1 Ni 系低温钢概述

1.1 引言

随着我国能源需求的增加和石油化工行业的发展，需要大量的 Ni 系低温钢来制造各种液化气体储罐和运输船。由于液化气体温度极低且具有可燃性，为确保安全性要求 Ni 系低温钢在超低温条件下具有较高的强韧性和良好的焊接性能。目前液化天然气（LNG）和液化石油气（LPG）等液化气储罐和船逐渐向大型化发展，对 Ni 系低温钢的强度和低温韧性提出了更高的要求。我国 Ni 系低温钢的发展较晚，目前生产中还存在许多问题，特别是关于 Ni 含量对组织演变规律的影响和强韧化机理方面尚需深入研究。

1.2 Ni 系低温钢

1.2.1 常用 Ni 系低温钢的类型

表 1-1 示出了常用 Ni 系低温钢的类型及使用温度范围[1~3]。可以看到，Ni 系低温钢 Ni 质量分数从 0. 5%~9%，随着 Ni 含量的增加，最低使用温度降低，9%Ni 钢的最低使用温度可达-196℃。本研究报告中研究的 Ni 系低温钢中 Ni 的质量分数在 3. 5%~9%之间。

表 1-1 Ni 系低温钢类型及使用温度范围

钢 种	0. 5%Ni	2. 5%Ni	3. 5%Ni	5%Ni	9%Ni
最低使用温度/℃	-60	-70	-110	-130	-196

1.2.2 Ni 系低温钢的发展

1932 年美国发明了 2. 25%Ni 低温钢，之后又开发了 3. 5%Ni 钢，广泛应用于LPG、空分制氧设备、化肥和合成氨设备中的甲醇洗涤塔等低温容器设备的制造，并于1940年在ASTM标准体系中纳入3.5%Ni钢[4,5]。随后德国、法国、比利时和日本等国家也开发了3.5%Ni钢。美国INCO公司在20世纪40年代开发了9%Ni钢，并在1948年推向市场，用于建造天然气提取液氦反应塔及液氧储罐内壳，在1956年纳入ASTM标准。日本和欧洲于60年代也开始研制Ni系低温钢并开发了5%Ni低温钢。目前国际上形成了ASTM、JIS和EN三大低温钢标准体系。1960年美国CBI、INCO和US Steel三家公司在对超低温结构的安全性研究中发现即使不进行焊后消除应力热处理，9%Ni钢制LNG储罐亦可安全使用，从此9%Ni钢开始广泛应用于LNG储罐的制造[6]。

为了提高安全系数和减少焊缝，Ni系低温钢开始向更宽、更厚的方向发展。日本在1993年开发了40~45mm厚的9%Ni钢板，力学性能完全符合JIS标准要求，焊接接头处-196℃的冲击功大于80J[7]。1999年日本进一步研发了50mm厚的9%Ni钢宽厚板，用于制造20万立方米的LNG储罐。通过降低Si含量和添加适量的Nb，提高了焊接热影响区的低温韧性而不损失钢板的强度[8]。

由于Ni是贵金属，为了降低成本，日本和欧美等先进工业国家研制了5%~6%Ni钢，用于替代9%Ni钢。Kim等[9]采用淬火+亚温淬火+回火（QLT）三步热处理工艺制备了5.5%Ni钢，-196℃的冲击功高于160J，达到了9%Ni钢的水平。对于Ni含量更低的3.5%Ni钢，NKK钢铁公司采用QLL'T工艺进行了热处理，韧性也达到了9%Ni水平。日本住友金属通过降低Si含量和在线热处理工艺生产的7%Ni钢已经成功替代9%Ni钢应用于日本仙北一期LNG工程5号储罐的建设。2013年7%Ni钢板已被编入JIS标准，牌号为SL7N590[10]。

国内低温钢的研究发展起步较晚，在60年代为了节省资源，按照节镍铬和以锰代镍的主导思想，开发出服役于-70~-90℃及更低温度的低温钢，如09Mn2V、09MnTiCuRe、06MnNb、06MnVTi、06AlNbCuN、06AlCu等，但是实际应用很少。在80年代针对石化行业中生产及储运所用低温钢的国产化问题，国家相关部门组织研究机构和相关钢厂对Ni系低温钢进行研制。已经研制的Ni系低温钢有：0.5%Ni钢、1.5%Ni钢、3.5%Ni钢、5%Ni钢和9%Ni

钢，并重点开发了 1.5%Ni 钢和 3.5%Ni 钢，在实验室研究的基础上，对 1.5%Ni 钢和 3.5%Ni 钢进行了工业性试制，结果表明这两种钢具有良好的综合性能，特别是在-60℃和-101℃时具有优良的低温韧性[11,12]。全国锅炉压力容器标准化技术委员会在 2005 年根据国内生产的 3.5%Ni 钢锻件，制定了我国-100℃级 3.5%Ni 钢锻件标准[13]。生产实践表明 3.5%Ni 钢小于 40mm 厚的钢板经淬火+回火工艺处理后，-101℃的冲击功可达 150J 以上，但是大于 40mm 厚的钢板采用淬火+回火工艺处理后，冲击韧性较差。因此 2009 年舞钢庞辉勇等[14]采用第一次淬火+亚温淬火+高温回火工艺制备了 3.5%Ni 钢厚板，结果表明 40~100mm 厚钢板-101℃的冲击功在 150~200J 以上。2014 年鞍钢朱莹光等[15]采用 QT、QT′、QLT 和 QLT′四种调质工艺对 5%Ni 钢板进行了热处理，发现 QT 热处理的 5%Ni 钢在-135℃冲击功高达 135J，此外强度和伸长率等力学性能均达到标准要求，可以满足生产需要。随着国内冶金工艺及装备的进步以及市场需求的不断增加，国内大型企业，如太钢、宝钢、武钢、南钢、鞍钢、舞钢等，开始进行 Ni 系低温钢研发。沙钢朱绪祥等[16]采用 QLT 工艺制备了 7.7%Ni 钢，其屈服强度大于 530MPa，抗拉强度大于 670MPa，-196℃冲击韧性大于 150J，均达到了 9%Ni 钢的水平，但是与日本相比，Ni 含量较高，而且热处理工艺更加复杂。

1.2.3 Ni 系低温钢的成分体系

各国标准中对 Ni 系低温钢化学成分的规定如表 1-2 所示[17~23]。可以看出，Ni 系低温钢的成分较为简单，合金元素主要有 C、Si、Mn、Ni 等，各标准同级别 Ni 系低温钢中合金元素含量相差不大。

表 1-2 不同标准中 Ni 系低温钢的化学成分（质量分数,%）

标准	牌号	元素（不大于或范围）							
		C	Si	Mn	Ni	Mo	V	P	S
EN 10028-4	12Ni14	0.15	0.35	0.30~0.80	3.25~3.75		0.05	0.020	0.005
	X12Ni5	0.15	0.35	0.30~0.80	4.75~5.25		0.05	0.020	0.010
	X7Ni9	0.10	0.35	0.30~0.80	8.50~10.00	0.1	0.01	0.015	0.005
ASTM	SA203E	0.20	0.15~0.40	0.70	3.25~3.75			0.035	0.035
	SA645	0.13	0.20~0.40	0.30~0.60	4.80~5.20	0.20~0.35		0.025	0.025
	T1	0.13	0.13~0.45	0.98	8.50~9.50			0.015	0.015

续表 1-2

标准	牌号	元素（不大于或范围）							
		C	Si	Mn	Ni	Mo	V	P	S
JIS G3127	SL3N440	0.15	0.020	0.70	3.25~3.75			0.025	0.025
	SL5N590	0.13	0.30	1.50	4.75~6.00			0.025	0.025
	9Ni590	0.12	0.30	0.90	8.50~9.50			0.025	0.025
GB 3531	08Ni3DR	0.10	0.15~0.35	0.30~0.80	3.25~3.70	0.12	0.05	0.015	0.005
	06Ni9DR	0.08	0.15~0.35	0.30~0.80	8.50~10.00	0.10	0.01	0.008	0.004

Ni 是 Ni 系低温钢中最主要的添加元素，它在钢中不形成碳化物，在 α 相中的最大溶解度约为 10%，而在 γ 相中与 Fe 无限置换固溶。Ni 能够扩大 γ 相区，是奥氏体形成和稳定元素，有利于提高淬透性，降低钢的临界冷却速度，促进马氏体相变。Ni 元素具有与铁相同的晶体结构，两者之间的错配度很小，因此 Ni 的直接强化作用小，但是 Ni 能够降低 C 原子的扩散激活能、提高 C 原子的扩散系数，因此 C 原子更容易扩散至位错等缺陷处，导致 C 在位错周围富集，阻碍位错的滑移，从而提高钢的强度[24]。每增加 1% 的 Ni，在 α 中产生的屈服强度增量约为 33MPa[25]。Ni 还能增加低温及高应变速率时位错的交滑移，降低孪生趋势，提高材料的塑性变形能力，从而提高材料的冲击韧性[26,27]。在一定范围内 Ni 含量越高钢的强韧性能越好，但是由于 Ni 的合金化成本较高，而且 Ni 含量过高还会损害高温塑性和焊接性能，因此在保证低温韧性的前提下，应该尽可能降低 Ni 含量。

欧标和国标中添加了一定量的 Mo、V 等元素来提高钢板的强度。C 元素能够提高钢的强度，但是超过 0.2%会显著降低钢的低温韧性和焊接性能，因此 Ni 系低温钢均选择较低的碳含量，并且高 Ni 钢的 C 含量相对更低。P 容易在晶界偏析，增加回火脆性，显著降低钢的塑性和低温韧性。在高温轧制时，S 容易生成低熔点的 FeS，并在晶界上偏聚，削弱了晶粒之间的结合力，导致钢板容易在高温开裂。为了避免脆性产生，需要在钢中加入足够的 Mn，使其与 Mn 结合形成熔点较高的 MnS，但是 MnS 硬度较低，在热轧时容易沿轧向延伸，形成 MnS 夹杂带，显著降低钢板的低温韧性。因此为了保证超低温下的冲击韧性，必须严格控制 Ni 系低温钢中的 P、S 含量。

1.2.4 Ni 系低温钢的生产工艺

合适的热处理工艺是 Ni 系低温钢获得优异低温韧性的必要手段。Ni 系低温钢常用的热处理工艺主要包括：（1）正火+回火（NT）或双正火+回火（NNT）工艺；（2）QT 工艺；（3）QLT 工艺。NT 或 NNT 工艺获得的钢板强度和低温韧性都较低，在实际生产中很少采用。QT 工艺可以获得良好的强韧性匹配，是工业生产中常用的生产方式。QLT 工艺可以极大地改善 Ni 系低温钢的低温韧性，最早是由美国发明用来生产 5.5%Ni 钢，结果表明 QLT 工艺生产的 5.5%Ni 钢板在-170℃仍保持良好的低温韧性，可以部分取代 9%Ni 钢用于 LNG 储罐建造。QT 和 QLT 热处理工艺的示意图如图 1-1 所示。

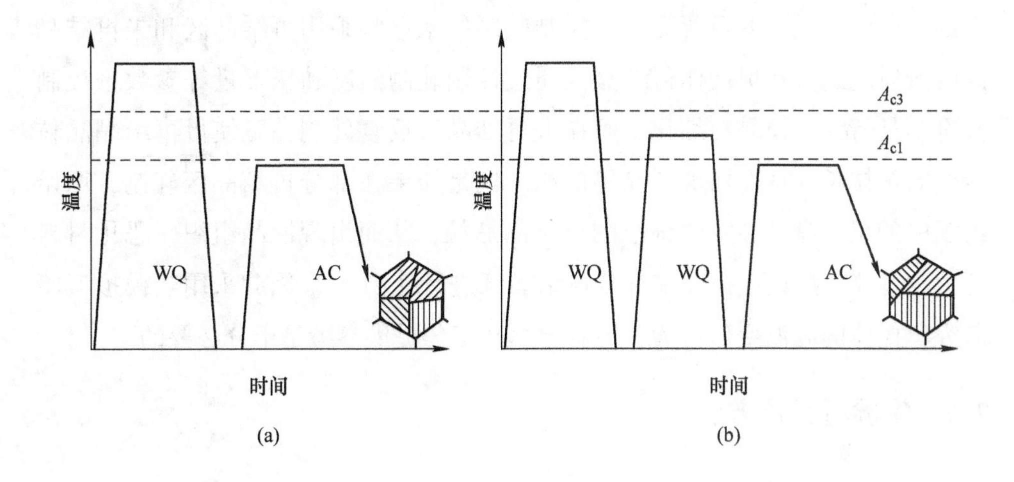

图 1-1 QT 和 QLT 热处理工艺示意图
（a）QT；（b）QLT

日本 JFE 钢铁公司开发了 Super-OLAC（Super On-line Accelerated Cooling）系统，这种新一代在线加速冷却技术可以对钢板在线高速冷却，其冷却能力比传统的层流冷却提高了 2~5 倍。近年来，JFE 将 Super-OLAC 技术应用于 9%Ni 钢的生产中，开发了在线淬火+回火（DQ-T）工艺。与传统 QT 工艺相比，取消了传统的离线淬火过程，极大地提高了生产效率同时降低了生产成本。力学性能检测表明 DQ-T 工艺生产的 9%Ni 钢常规力学性能达到了传统 9%Ni 钢（QT 工艺）水平，并且提高了抑制裂纹扩展的能力，进一步满足了安全性的要求[28]。

2 Ni系低温钢的高温变形规律

2.1 引言

奥氏体在高温变形过程中会发生动态回复、再结晶，在道次间隔内会发生静态回复和再结晶等物理冶金现象。奥氏体的再结晶行为是控制轧制过程中细化奥氏体晶粒的重要途径。控制轧制技术通常采用再结晶区和未再结晶区两阶段轧制。在奥氏体再结晶区通过控制轧制温度和压下量等参数来控制其再结晶行为，使晶粒细化。而在未再结晶区反复轧制，可使得再结晶晶粒沿轧向被拉长，从而增加了晶界面积。但是如果在部分再结晶区轧制，原始组织中的粗大晶粒会吞噬细小的再结晶晶粒，从而出现混晶组织，恶化材料的力学性能，所以应避免在部分再结晶区进行轧制[29]。因此采用热模拟实验研究奥氏体的高温变形行为，为制定热轧工艺提供参考是十分必要的。

2.2 实验材料及方法

2.2.1 实验材料

3.5%Ni 钢、5%Ni 钢为国内某钢厂提供的连铸坯，7%Ni 钢为实验室真空感应炉熔炼获得，实验钢的化学成分如表 2-1 所示。将铸坯加热到 1200℃，保温 2h，然后在奥氏体再结晶区将铸坯轧成 12mm 厚的板坯。在热轧板上取样，机械加工成尺寸为 ϕ8mm×15mm 的圆柱形热模拟试样。

表 2-1 实验钢化学成分（质量分数,%）

实验钢	C	Mn	Si	Ni	S	P
3.5%Ni	0.055	0.62	0.21	3.46	0.001	0.005
5%Ni	0.049	0.67	0.14	5.04	0.004	0.001
7%Ni	0.046	0.58	0.19	7.13	0.007	0.010

2.2.2 单道次压缩实验

图 2-1 为 Ni 系低温钢的单道次压缩实验工艺示意图。3.5%Ni 钢和 5%Ni 钢热模拟实验在 Gleeble-3800 热模拟试验机上进行，7%Ni 钢热模拟实验在 MMS-300 热模拟试验机上进行。试样以 10℃/s 的速度加热到 1200℃ 并保温 3min，然后以 3℃/s 的速度冷却到变形温度（800℃、850℃、900℃、950℃、1000℃、1050℃、1100℃和 1150℃），保温 30 s 使试样温度分布均匀。保温后进行压缩，其中真应变为 0.8，应变速率分别为 $0.1s^{-1}$、$0.5s^{-1}$、$2s^{-1}$ 和 $5s^{-1}$。为防止试样在变形过程中发生氧化，采用氩气作为保护气体。

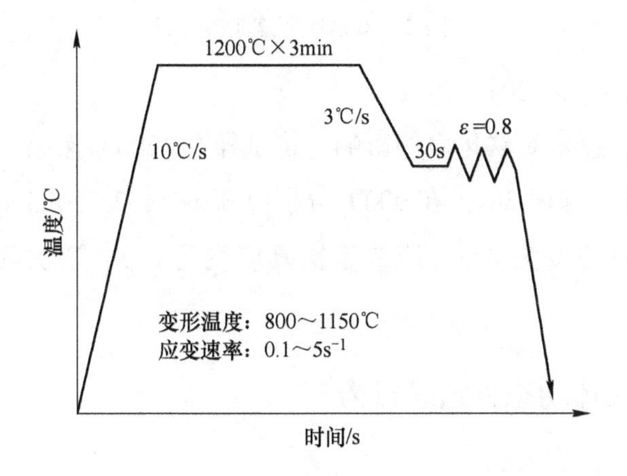

图 2-1 单道次压缩实验方案

2.2.3 双道次压缩实验

将试样以 10℃/s 的速度加热到 1200℃ 保温 3min 后，以 3℃/s 的速度冷却到不同温度进行双道次压缩。道次间隔时间为 1s、5s、10s、30s、60s、120s、200s，变形温度为 800℃、850℃、900℃、950℃、1000℃、1050℃、1100℃，应变速率为 $2s^{-1}$，第一道次真应变为 0.2，第二道次真应变为 0.3。具体实验工艺如图 2-2 所示。

为分析应变量对静态再结晶的影响，将试样在 1200℃ 保温 3min 后以 3℃/s 冷速冷却到 900℃ 保温 30s，在 900℃ 以 $2s^{-1}$ 的应变速率压下，第一道次真应变分别设定为 0.1、0.2 和 0.3，第二道次真应变均为 0.3，道次间隔时

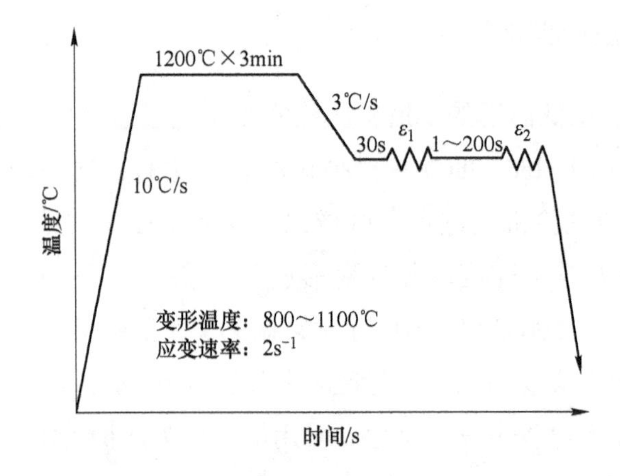

图 2-2　双道次压缩实验方案

间分别为 5s、60s 和 120s。

为分析应变速率对软化率的影响，将试样在 1200℃保温 3 min 后以 3℃/s 冷速冷却到 900℃保温 30s，在 900℃分别以 0.5s^{-1}、2s^{-1}和 5 s^{-1}的应变速率压下，第一道次真应变为 0.2，第二道次真应变为 0.3，道次间隔时间分别为 5s、60s 和 120s。

2.3　高温奥氏体动态再结晶行为

2.3.1　应力-应变曲线

图 2-3～图 2-5 分别为不同变形温度、应变速率条件下 3.5%Ni 钢、5%Ni 钢和 7%Ni 钢的真应力-真应变曲线。从图 2-3 中可以看出应变速率为 0.1s^{-1}，变形温度高于 850℃时，3.5%Ni 钢的应力-应变曲线为动态再结晶型。当变形量较小时，流变应力值增大的较快。随着变形的进行，材料开始发生动态回复和多边形化，产生动态软化。但是软化的效果较小，因此应力继续增大。当应变值达到临界应变时，形变造成的畸变能促使奥氏体发生动态再结晶，使得软化作用加强，应力开始降低。随着变形的继续进行，再结晶继续发生，应力也随之降低，直到动态再结晶完成，应力达到稳定值。图 2-3（d）显示 3.5%Ni 钢应变速率为 5s^{-1}，变形温度为 1100℃时，应力达到峰值后开始下降但未出现一个较为稳定的值，说明此时动态再结晶还未完成。变形温度为

850℃，应变速率为 0.1s⁻¹时，5%Ni 钢的应力-应变曲线为动态回复型，在流变应力达到峰值后很快便趋于稳定。这表明在相同变形条件下 Ni 含量较低的 3.5%Ni 钢更容易发生动态再结晶。这是因为溶质原子能阻碍晶界的迁移，减慢动态再结晶的速度。此外 Ni 能够增加奥氏体的层错能，促进位错的交滑移，使亚晶组织中的位错密度降低，从而导致储存能下降不足以引起动态再结晶。从图 2-3（b）可以看到，对于 3.5%Ni 钢，当应变速率为 0.5s⁻¹时，其应力随变形温度的升高而降低，峰值应力所对应的峰值应变由 950℃时的 0.46 降低为 1150℃时的 0.22，应力-应变曲线逐渐由动态回复型向动态再结晶型转变。

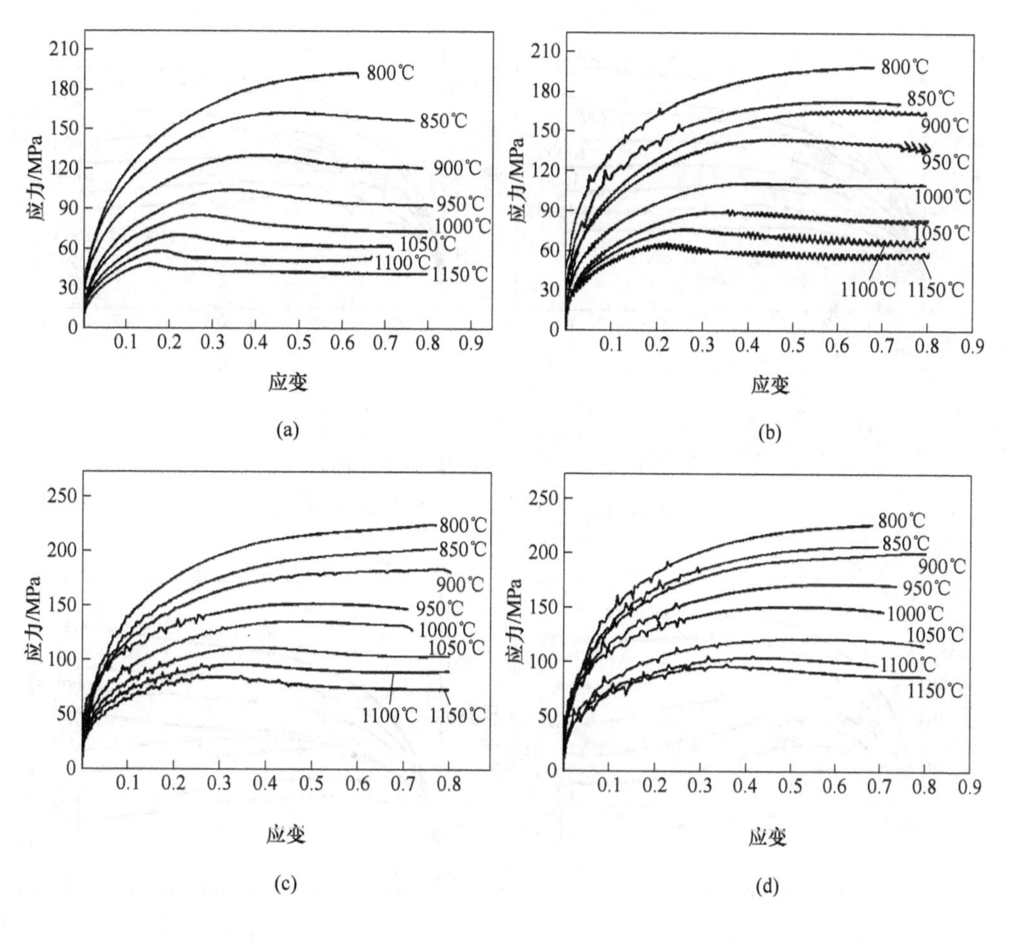

图 2-3 3.5%Ni 钢的真应力-真应变曲线

(a) $0.1s^{-1}$；(b) $0.5s^{-1}$；(c) $2s^{-1}$；(d) $5s^{-1}$

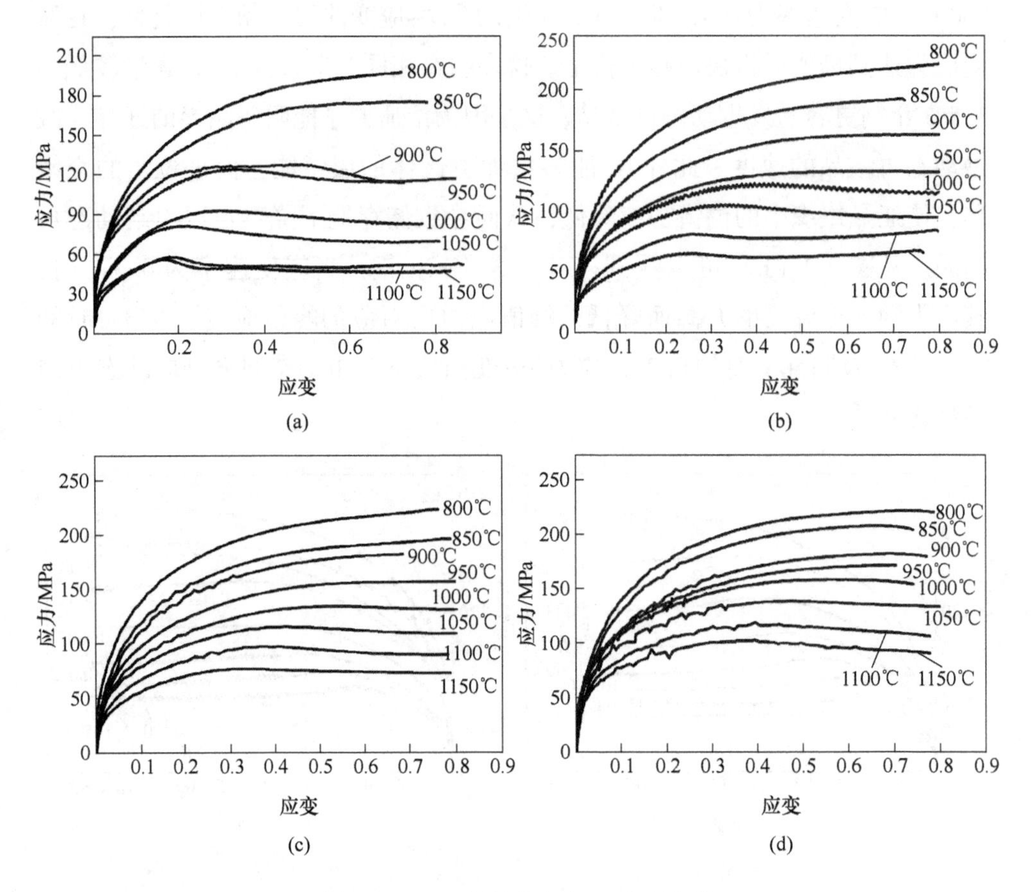

图 2-4 5%Ni 钢的真应力-真应变曲线

(a) $0.1s^{-1}$；(b) $0.5s^{-1}$；(c) $2s^{-1}$；(d) $5s^{-1}$

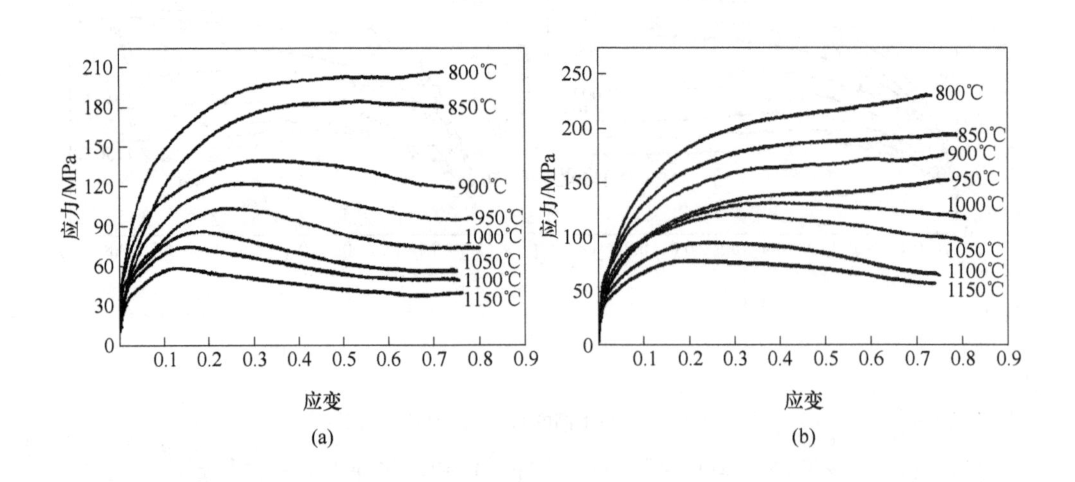

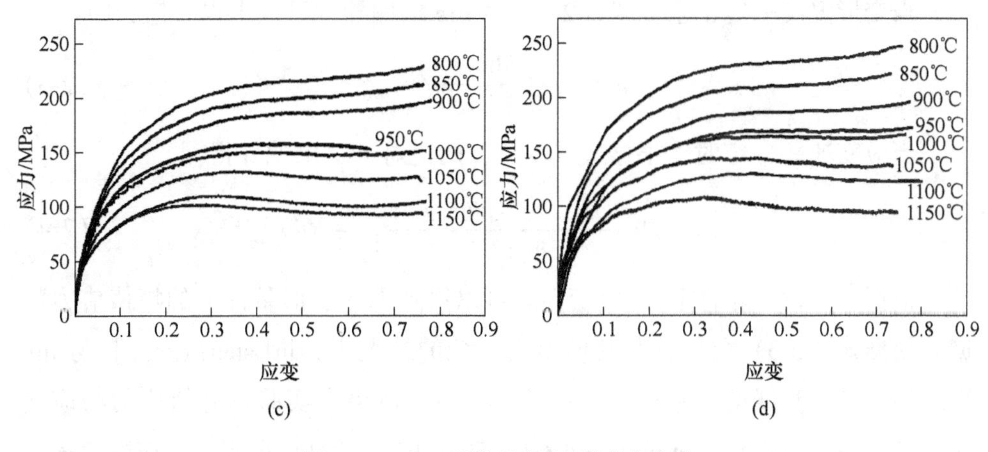

(c)

(d)

图 2-5 7%Ni 钢的真应力-真应变曲线

(a) $0.1s^{-1}$; (b) $0.5s^{-1}$; (c) $2s^{-1}$; (d) $5s^{-1}$

2.3.2 动态再结晶数学模型

高温变形过程中应力、变形温度和应变速率之间的关系可以表示为[30,31]:

$$\dot{\varepsilon} = A[\sinh(\alpha\sigma_p)]^n \exp(-Q_d/RT) \tag{2-1}$$

式中 Q_d——再结晶激活能，J；

R——气体常数，其值为 8.31J/(mol·K)；

T——热力学温度，K；

A——常数；

n——应力指数；

α——应力因子。

其中 A，α 和 n 为与材料成分有关的常数。对于碳钢及一般低合金钢，应力因子 α 通常取 0.012～0.013，本研究报告中 α 取 0.013[32]。n 值与钢的化学成分有关，不同化学成分的实验钢的 n 值差别较大，需要依据应力-应变曲线来选择。

依据应变速率、变形温度及峰值应力，采用最小二乘法线性回归，可以得到热变形方程中的各个参数。对式 (2-1) 两边取自然对数，整理后得：

$$-\ln A + \ln\dot{\varepsilon} + \frac{Q_d}{RT} = n\ln[\sinh(\alpha\sigma_p)] \tag{2-2}$$

当变形温度一定，根据式（2-2）对 $\ln\dot{\varepsilon}$ 求偏导，可以求得 n 值，即：

$$n = \left.\frac{\partial \ln\dot{\varepsilon}}{\partial[\sinh(\alpha\sigma_{p})]}\right|_{T} \tag{2-3}$$

当应变速率一定时，根据式（2-2），两边对 $1/T$ 求偏导得：

$$Q_{d} = Rn\left.\frac{\partial\{\ln[\sinh(\alpha\sigma_{p})]\}}{\partial(1/T)}\right|_{\dot{\varepsilon}} = Rnb \tag{2-4}$$

根据 3.5%Ni 钢的应力-应变曲线可以得到不同变形条件下的峰值应力数据。根据式（2-3）可知，在变形温度不变的情况下，$\ln[\sinh(\alpha\sigma_{p})]$ 与 $\ln\dot{\varepsilon}$ 为线性关系，直线的斜率就是 n。图 2-6（a）示出了实验钢峰值应力与应变速率的关系，可以求得 n 的平均值为 4.59。由式（2-4）可知，在应变速率一定的条件下，$1000/T$ 与 $\ln[\sinh(\alpha\sigma_{p})]$ 之间也存在线性关系，如图 2-6（b）所示，直线的斜率为 b，回归得出 b 的平均值为 9087。将 n，b 代入式（2-4），求得 3.5%Ni 钢的动态再结晶激活能 Q_{d} = 347.02kJ/mol。

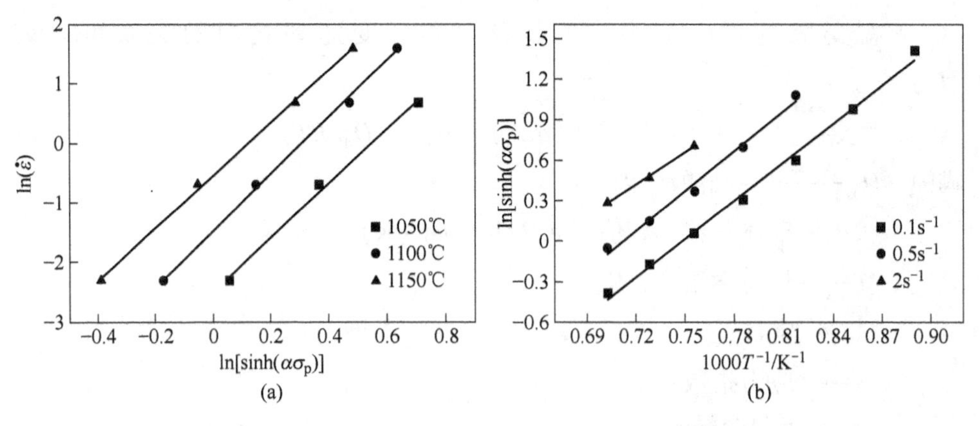

图 2-6 3.5%Ni 钢峰值应力与变形参数的关系

（a）应变速率；（b）变形温度

采用同样的方法可以求得 5%Ni 和 7%Ni 钢的动态再结晶激活能 Q_{d} 分别为 356.94kJ/mol 和 367.14kJ/mol。相关数据参见图 2-7 和图 2-8。可以看出 5%Ni 钢的动态再结晶激活能稍高于 3.5%Ni 钢，说明在相同变形条件下 3.5%Ni 钢更容易发生动态再结晶，前面的真应力-真应变曲线也说明了这一点。研究表明热变形激活能一般随钢中合金质量分数的增加而增大[33]。但是与 Nb、V、Ti 等合金元素相比，Ni 元素对动态再结晶的影响较小，这是因为

Ni 是非碳化物形成元素，在钢中以固溶形式存在，对位错和晶界运动的阻碍能力较小。

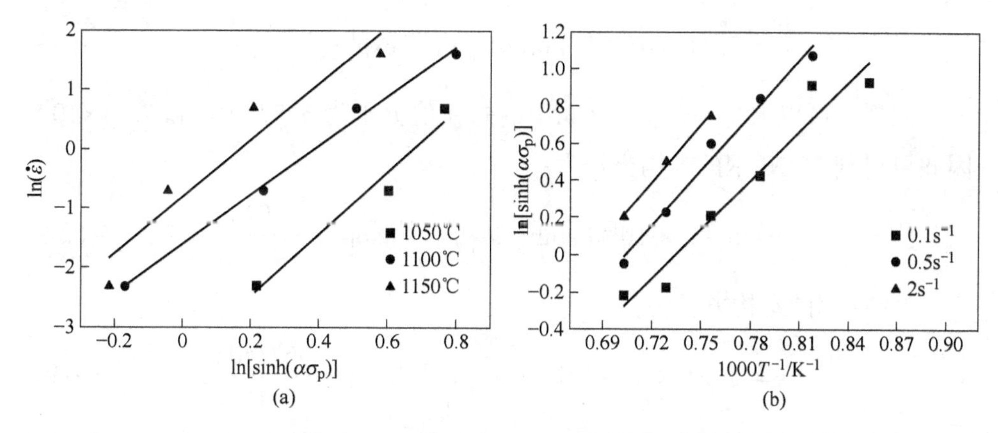

图 2-7 5%Ni 钢峰值应力与变形参数的关系

（a）应变速率；（b）变形温度

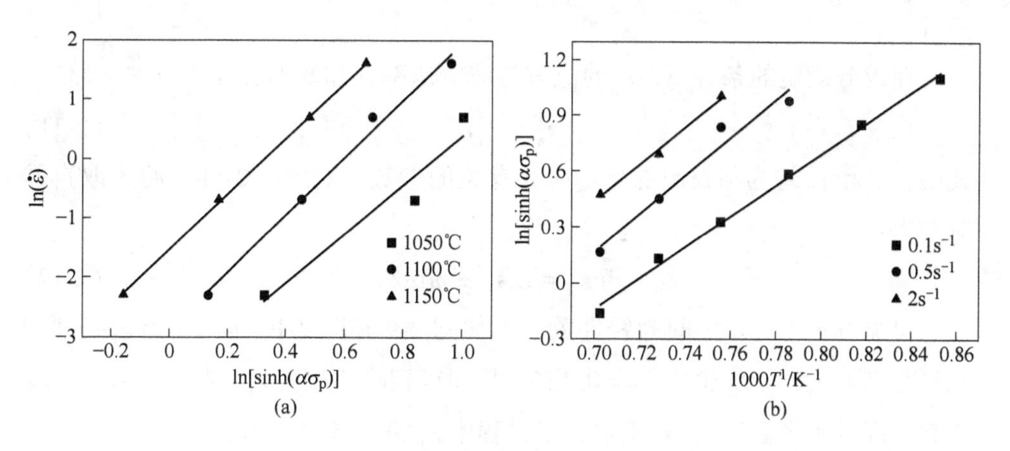

图 2-8 7%Ni 钢峰值应力与变形参数的关系

（a）应变速率；（b）变形温度

Zener-Hollomon 参数，即温度补偿应变速率因子，其表达式如下[34]：

$$Z = \dot{\varepsilon}\exp(Q_d/RT) \tag{2-5}$$

因此，可以确定综合表示材料热变形条件的 Z 参数为：

$$Z = \dot{\varepsilon}\exp(Q_d/RT) = \dot{\varepsilon}\exp(347020/RT) \tag{2-6}$$

根据公式（2-1）及式（2-5），又可得出如下关系式：

$$Z = A[\sinh(\alpha\sigma_p)]^n \tag{2-7}$$

通过式（2-7）可以确定 3.5%Ni 钢的 A 值为 3.41×10^{12}。

因此可得到 3.5%Ni 钢的本构方程为：

$$\dot{\varepsilon} = 3.41 \times 10^{12} [\sinh(\alpha\sigma_p)]^{4.59}\exp\left(-\frac{347020}{RT}\right) \tag{2-8}$$

同理，可以求得 5%Ni 和 7%Ni 钢的 A 值分别为 5.87×10^{12} 和 7.21×10^{12}。因此可得到 5%Ni 钢的本构方程为：

$$\dot{\varepsilon} = 5.87 \times 10^{12} [\sinh(\alpha\sigma_p)]^{4.69}\exp\left(-\frac{356940}{RT}\right) \tag{2-9}$$

7%Ni 钢的本构方程为：

$$\dot{\varepsilon} = 7.21 \times 10^{12} [\sinh(\alpha\sigma_p)]^{4.54}\exp\left(-\frac{367140}{RT}\right) \tag{2-10}$$

动态再结晶开始时的临界应变 ε_c 在应力-应变曲线上很难测定，而峰值应变 ε_p 则比较容易确定。因此通常选取 $\varepsilon_c = 0.8\varepsilon_p$ 作为动态再结晶的临界应变量。

在成分确定的条件下，ε_p 的值只与应变速率 $\dot{\varepsilon}$ 和变形温度 T 有关，即：

$$\varepsilon_p = A_1 Z^m \tag{2-11}$$

式中，A_1 和 m 均为与材料的化学成分有关的参数。对式（2-11）两边取自然对数得：

$$\ln\varepsilon_p = \ln A_1 + m\ln Z \tag{2-12}$$

可见 $\ln\varepsilon_p$ 与 $\ln Z$ 之间为线性关系，如图 2-9 和图 2-10 所示，通过线性回归可得到 $A_1 = 2.479\times10^{-3}$，$m = 0.156$，从而得到峰值应变 ε_p、临界应变 ε_c 与 Z 参数之间的关系。3.5%Ni 钢热变形过程中 ε_p 和 ε_c 的公式为：

$$\varepsilon_p = 2.479 \times 10^{-3} Z^{0.156} \tag{2-13}$$

$$\varepsilon_c = 1.983 \times 10^{-3} Z^{0.156} \tag{2-14}$$

同理可得 5%Ni 钢热变形过程中 ε_p 和 ε_c 的公式：

$$\varepsilon_p = 1.993 \times 10^{-3} Z^{0.165} \tag{2-15}$$

$$\varepsilon_c = 1.595 \times 10^{-3} Z^{0.165} \tag{2-16}$$

7%Ni 钢热变形过程中 ε_p 和 ε_c 的公式：

$$\varepsilon_p = 1.049 \times 10^{-3} Z^{0.181} \tag{2-17}$$

$$\varepsilon_c = 8.392 \times 10^{-4} Z^{0.181} \tag{2-18}$$

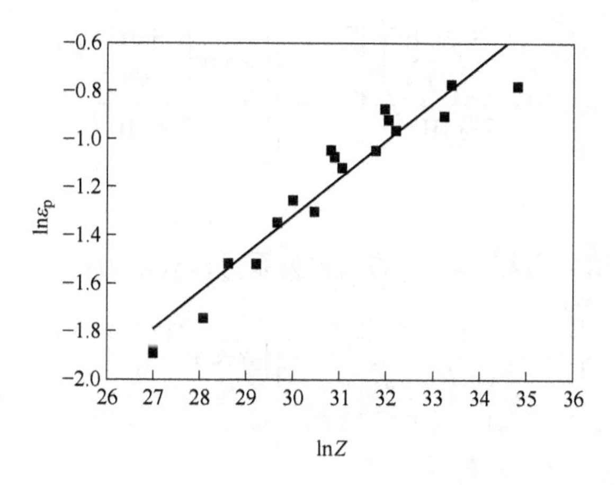

图 2-9 3.5%Ni 钢峰值应变与 Z 参数的关系

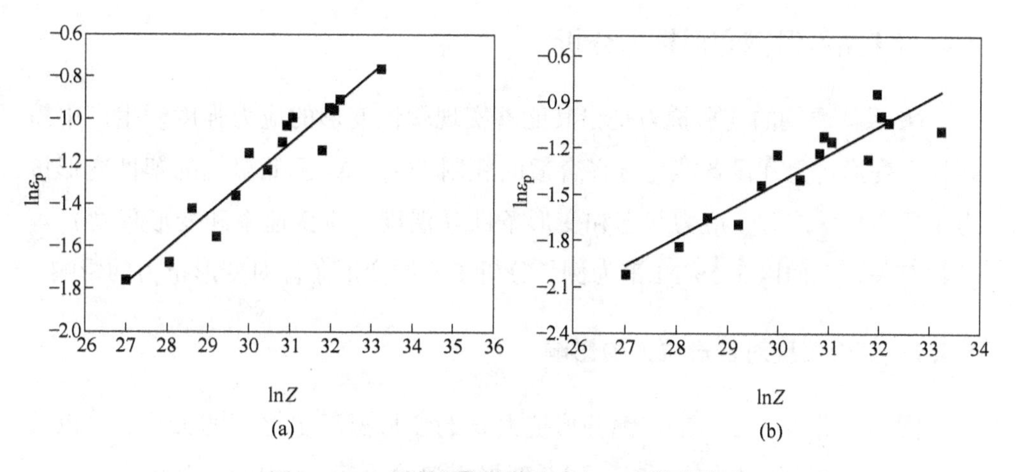

图 2-10 Ni 系低温钢峰值应变与 Z 参数的关系

(a) 5%Ni 钢；(b) 7%Ni 钢

根据双曲正弦定义结合式（2-7）可得：

$$\sigma_{\mathrm{p}} = \frac{1}{\alpha}\ln\{(Z/A)^{\frac{1}{n}} + [(Z/A)^{\frac{1}{n}}]^{\frac{1}{2}}\} \quad (2\text{-}19)$$

因此 3.5%Ni 钢峰值应力与 Z 参数的函数关系可以表示为：

$$\sigma_{\mathrm{p}} = \frac{1}{0.0013}\ln\left\{\left[\frac{\varepsilon\exp\left(\frac{347020}{RT}\right)}{3.41\times10^{12}}\right]^{\frac{1}{4.59}} + \left\{\left[\frac{\varepsilon\exp\left(\frac{347020}{RT}\right)}{3.41\times10^{12}}\right]^{\frac{2}{4.59}} + 1\right\}^{\frac{1}{2}}\right\} \quad (2\text{-}20)$$

5%Ni 钢峰值应力与 Z 参数的函数关系可以表示为：

$$\sigma_{p}=\frac{1}{0.0013}\ln\left\{\left[\frac{\dot{\varepsilon}\exp\left(\frac{356940}{RT}\right)}{5.87\times10^{12}}\right]^{\frac{1}{4.69}}+\left\{\left[\frac{\dot{\varepsilon}\exp\left(\frac{356940}{RT}\right)}{5.87\times10^{12}}\right]^{\frac{2}{4.69}}+1\right\}^{\frac{1}{2}}\right\}$$

(2-21)

7%Ni 钢峰值应力与 Z 参数的函数关系可以表示为：

$$\sigma_{p}=\frac{1}{0.0013}\ln\left\{\left[\frac{\dot{\varepsilon}\exp\left(\frac{367140}{RT}\right)}{7.21\times10^{12}}\right]^{\frac{1}{4.54}}+\left\{\left[\frac{\dot{\varepsilon}\exp\left(\frac{367140}{RT}\right)}{7.21\times10^{12}}\right]^{\frac{2}{4.54}}+1\right\}^{\frac{1}{2}}\right\}$$

(2-22)

2.4 Ni 系低温钢变形抗力分析

Ni 系低温钢的变形抗力是指其能够实现塑性变形的应力强度。生产中需要根据变形抗力和设备能力选择合适的轧制工艺。Ni 系低温钢的塑性变形抗力主要与化学成分、应力状态和变形条件（温度、应变速率和变形程度）等参数有关。下面以 3.5%Ni 钢为例，分析了不同变形条件对变形抗力的影响。

2.4.1 变形温度对变形抗力的影响

图 2-11 示出了 3.5%Ni 钢变形抗力 σ 与变形温度 T 之间的关系。可以看出，$\ln\sigma$ 与 T 近似呈直线关系。因此两者之间的关系，可用式（2-23）表示：

$$\sigma=A\exp(BT+C) \tag{2-23}$$

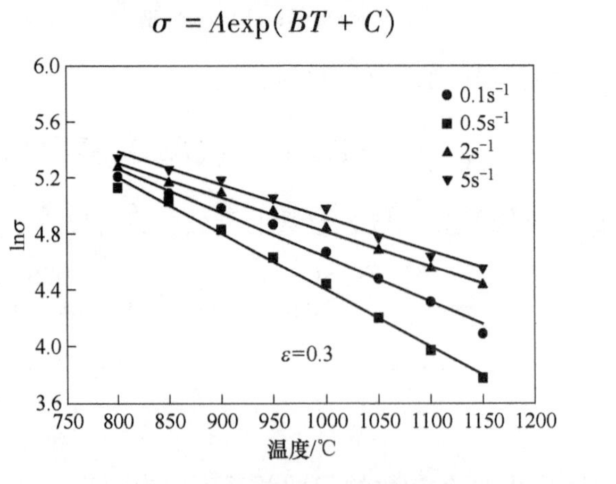

图 2-11　3.5%Ni 钢的变形抗力与变形温度的关系

式中 A，B，C——与材料的化学成分有关的常数；

T——热力学温度，K。

2.4.2 应变速率对变形抗力的影响

图 2-12 示出了 3.5%Ni 钢变形抗力 σ 和应变速率 $\dot{\varepsilon}$ 之间的关系。可以看出，$\ln\sigma$ 与 $\ln\dot{\varepsilon}$ 近似成直线关系，因此两者之间的关系可用式（2-24）来表示：

$$\sigma = \dot{\varepsilon}^{a+bT} \tag{2-24}$$

式中 a，b——常数；

T——热力学温度，K。

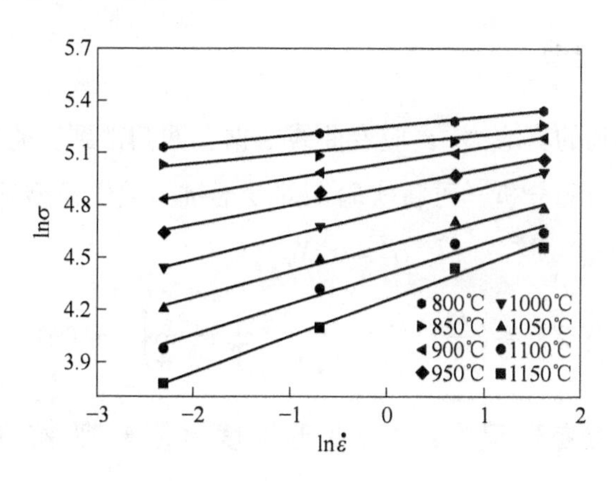

图 2-12 3.5%Ni 钢变形抗力与应变速率之间的关系

2.4.3 变形程度对变形抗力的影响

图 2-13 示出了应变速率为 0.1s^{-1}，变形温度分别为 800℃、850℃、900℃和 1000℃时 3.5%Ni 钢的加工硬化率与应变的关系。可以看出，加工硬化率在变形程度很小时，随应变的增加迅速下降，但是当变形程度较大时，加工硬化率随应变的增加变化不大。可见变形程度 ε 和变形抗力的关系并非简单幂函数，两者之间的关系可用式（2-25）来表示：

$$\sigma = a\varepsilon^{b} - c\varepsilon^{d} \tag{2-25}$$

式中 a，b，c，d——常数。

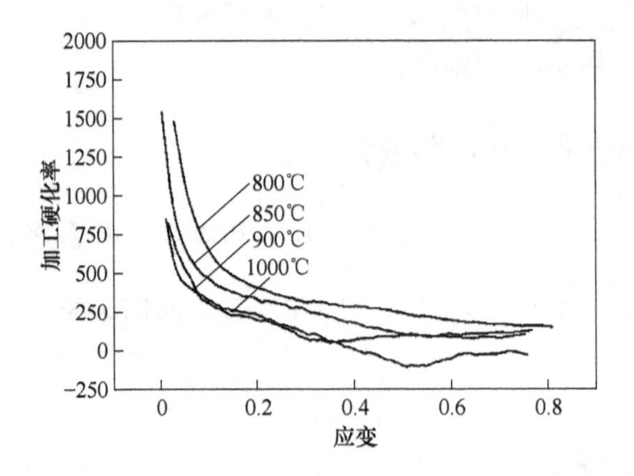

图 2-13 3.5%Ni 钢的加工硬化率与应变的关系

2.4.4 变形抗力模型

根据实验得到的真应力-真应变曲线数据，回归得到实验钢的变形抗力数学模型。根据上面的分析，可将实验钢的变形抗力数学模型确定为：

$$\sigma = \sigma_0 X_T X_{\dot{\varepsilon}} X_\varepsilon \tag{2-26}$$

式中，$X_T = e^{a_1 + a_2 T}$；$X_{\dot{\varepsilon}} = (\frac{\dot{\varepsilon}}{5})^{a_3 T + a_4}$；$X_\varepsilon = a_6 \left(\frac{\varepsilon}{0.4}\right)^{a_5} - (a_6 - 1)\left(\frac{\varepsilon}{0.4}\right)$；$T = \frac{t + 273}{1000}$，K；$\varepsilon$ 为变形程度；t 为变形温度，℃；σ_0 为基准变形抗力，即 $t = 1000$℃，$\varepsilon = 0.4$ 且 $\dot{\varepsilon} = 5\text{s}^{-1}$ 时的变形抗力，149.6MPa；$\dot{\varepsilon}$ 为应变速率，s^{-1}；$a_1 \sim a_6$ 为回归系数。

对上式，根据实验中测得的真应力-真应变曲线，采用 Origin 软件进行多元非线性回归，回归结果见表 2-2。将表 2-2 中的回归系数代入式（2-26）中，得出 3.5%Ni 钢、5%Ni 钢和 7%Ni 钢的变形抗力模型如下所示：

$$\sigma = 150 e^{2.8086 - 2.2464 \times T} \left(\frac{\dot{\varepsilon}}{2}\right)^{0.3889 \times T - 0.3659} \left[1.5935 \times \left(\frac{\varepsilon}{0.4}\right)^{0.4610} - 0.5935 \times \left(\frac{\varepsilon}{0.4}\right)\right] \tag{2-27}$$

$$\sigma = 156 e^{2.5599 - 2.0420 \times T} \left(\frac{\dot{\varepsilon}}{2}\right)^{0.3764 \times T - 0.3670}$$

$$\left[1.5843 \times \left(\frac{\varepsilon}{0.4}\right)^{0.4580} - 0.5843 \times \left(\frac{\varepsilon}{0.4}\right)\right] \tag{2-28}$$

$$\sigma = 164e^{2.3197-1.8446\times T}\left(\frac{\dot{\varepsilon}}{2}\right)^{0.4375\times T-0.4668}$$

$$\left[1.7377 \times \left(\frac{\varepsilon}{0.4}\right)^{0.4668} - 0.7377 \times \left(\frac{\varepsilon}{0.4}\right)\right] \tag{2-29}$$

表 2-2 变形抗力模型回归系数

实验钢	a_1	a_2	a_3	a_4	a_5	a_6	R^2
3.5%Ni	2.8086	−2.2464	0.3889	−0.3659	0.4610	1.5935	0.9772
5%Ni	2.5599	−2.0420	0.3764	−0.3670	0.4580	1.5843	0.9740
7%Ni	2.3197	−1.8446	0.4375	−0.4668	0.4668	1.7377	0.9550

图 2-14 示出了计算值与实测值的对比。可以看出计算值与实测值拟合良

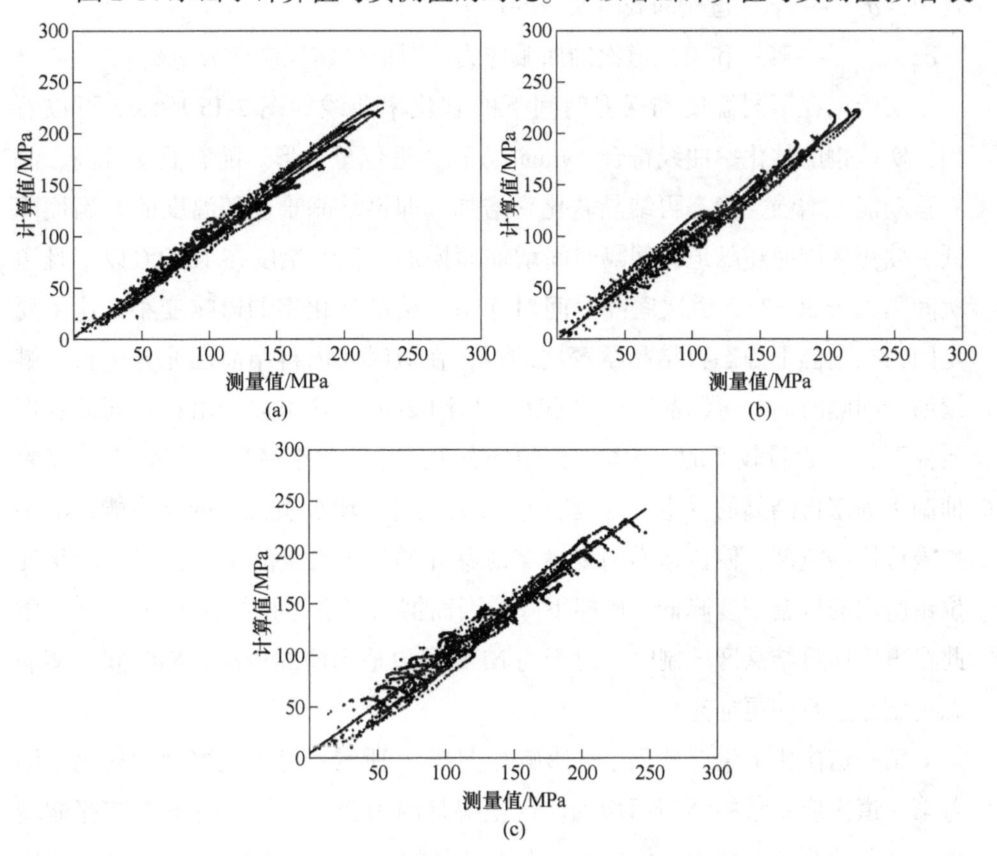

图 2-14 变形抗力计算值与实测值对比

（a）3.5%Ni 钢；（b）5%Ni 钢；（c）7%Ni 钢

好，3.5%Ni 钢、5%Ni 钢和 7%Ni 钢拟合的相关系数分别为 0.977、0.974 和 0.955，还可以看到 Ni 系低温钢中 Ni 含量越高，变形抗力越大。因此，在热轧时需要根据轧机能力，合理地选择轧制温度和道次压下量。

2.5 高温奥氏体静态再结晶行为

2.5.1 软化率的变化规律

补偿法在数据采集方面更加简单明了，简化实验过程，故通常采用补偿法测定静态再结晶率（X_s）。2%补偿法测定静态再结晶率的公式如下：

$$X_s = \frac{\sigma_m - \sigma_2}{\sigma_m - \sigma_1} \tag{2-30}$$

式中 σ_m——第一道次卸载时对应的应力；

σ_1，σ_2——第一和第二道次的屈服应力，对应的塑性应变为 2%。

实验钢在不同温度和保温时间下的软化率曲线如图 2-15 所示。可以看到，实验钢的软化率曲线符合 Avrami 方程，近似呈 S 形。随着温度升高，晶界移动能力增强，静态再结晶软化率增加，即再结晶难度随温度的升高而降低。软化率同时还随道次间隔时间增加而增加。变形温度在 1000℃ 以上且道次间隔大于 30s 时，道次间隔时间对静态再结晶软化率的影响变小，这主要是因为在高温下静态再结晶孕育期缩短，在短时间内再结晶已充分进行，继续增加间隔时间，再结晶率变化不大。从图 2-16 中还可以看出在相同的变形条件下，Ni 含量较低的 3.5%Ni 钢的静态再结晶软化率最高，这表明 Ni 元素抑制了静态再结晶的发生。这是因为 Ni 元素可以增加奥氏体的层错能，减小扩展位错的宽度，使位错容易发生交滑移和攀移，大量的位错相互作用将使位错胞内的位错密度降低，储能下降，因而抑制了静态再结晶的进行[35]。因此在奥氏体再结晶区轧制时，对于高 Ni 钢可以适当增加道次间隔时间，使静态再结晶进行的更加充分。

第一道次压下量对软化率的影响如图 2-16 所示。可以观察到，软化率随着第一道次应变量的增加而增加。这主要是因为变形量较大时形变储存能增加，从而使驱动力增大，促进了静态再结晶的进行。图 2-17 示出了第一道次应变速率对软化率的影响。可以看出，软化率随应变速率的增加而增加。这

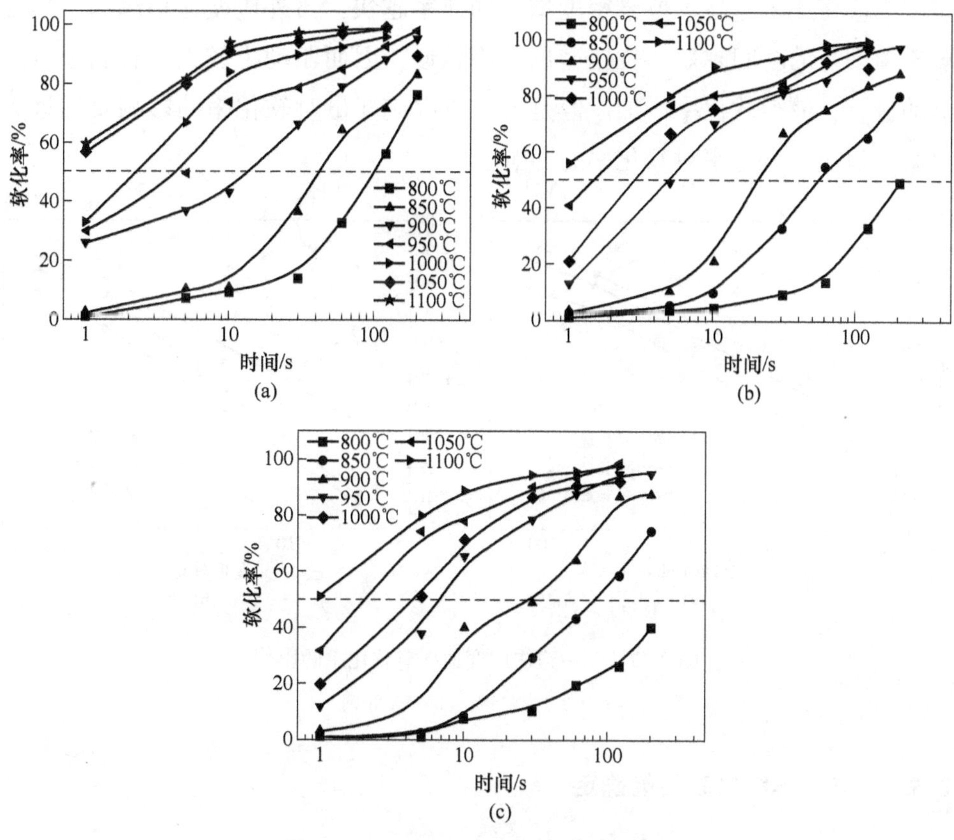

图 2-15 Ni 系低温钢软化率随时间变化

(a) 3.5%Ni 钢; (b) 5%Ni 钢; (c) 7%Ni 钢

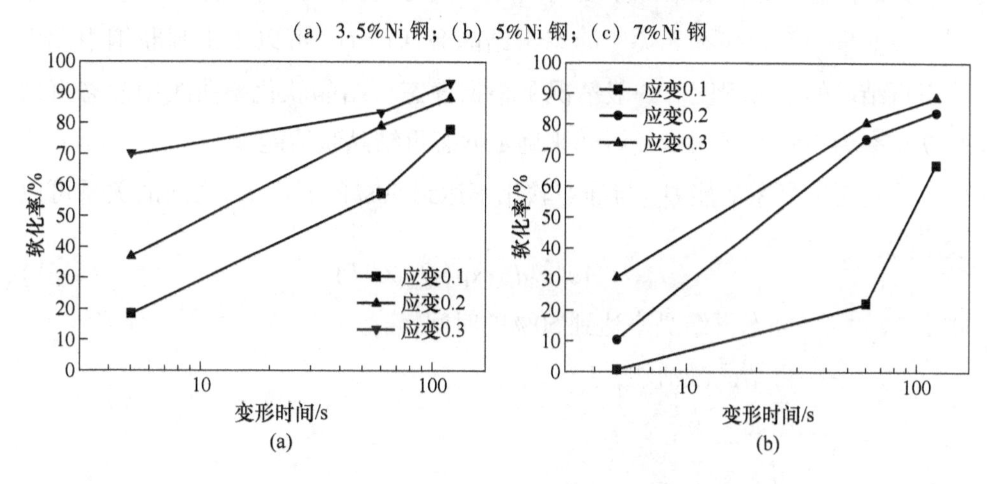

图 2-16 第一道次压下量对软化率的影响

(a) 3.5%Ni 钢; (b) 5%Ni 钢

是因为应变速率越高，位错密度增殖的速率越快，另外应变速率越高，形变奥氏体回复的时间越短，位错密度下降较慢，因而驱动力较大，有利于再结晶的进行，使得软化率增加。但是第一道次应变量对软化率的影响要远远大于第一道次应变速率对软化率的影响。

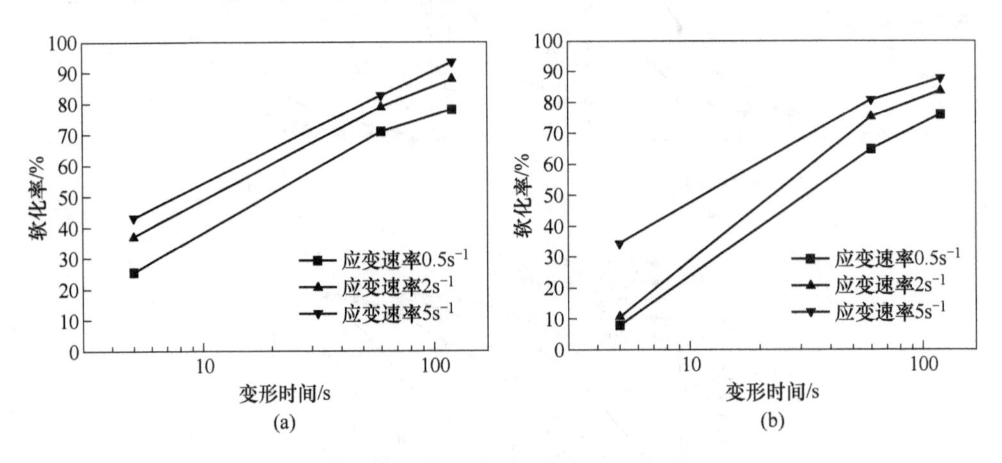

图 2-17　第一道次应变速率对软化率的影响

(a) 3.5%Ni 钢；(b) 5%Ni 钢

2.5.2 静态再结晶激活能确定

钢的静态再结晶激活能主要与其化学成分有关，而与变形温度、应变速率、应变量等因素基本无关。静态再结晶激活能 Q_{rex} 可以用来判断钢中发生静态再结晶的难易程度。一般情况下根据静态再结晶软化率曲线中静态再结晶软化率为 50%时所对应的时间来确定静态再结晶激活能。

静态再结晶激活能 Q_{rex} 与静态软化率达到 50%的时间 $t_{0.5}$ 之间的关系可以表示为：

$$t_{0.5} = A\varepsilon^{p}\dot{\varepsilon}^{q}d_0^{r}\exp(Q_{rex}/RT) \tag{2-31}$$

式中 $t_{0.5}$——静态再结晶率达到 50%的时间，s；

Q_{rex}——再结晶激活能，J/mol；

$\dot{\varepsilon}$——应变速率；

ε——应变量；

d_0——原始奥氏体晶粒尺寸；

A, p, q, r——材料常数；

T——热力学温度，K；

R——气体常数，8.31J/(mol·K)。

对式（2-31）两边取对数，得到：

$$\ln t_{0.5} = \ln A + p\ln\varepsilon + q\ln\dot{\varepsilon} + r\ln d_0 + \frac{Q_{rex}}{RT} \tag{2-32}$$

由式（2-32）可知 $\ln t_{0.5}$与 $1/T$ 呈线性关系，其直线的斜率为 Q_{rex}/R。用 $\ln t_{0.5}$和 $1/T$ 分别做因变量和自变量作图，进行线性回归，如图 2-18 所示。进而可以计算出 3.5%Ni 钢、5%Ni 钢和 7%Ni 钢的静态再结晶激活能分别为 222.4kJ/mol、226.6kJ/mol 和 229.1kJ/mol。

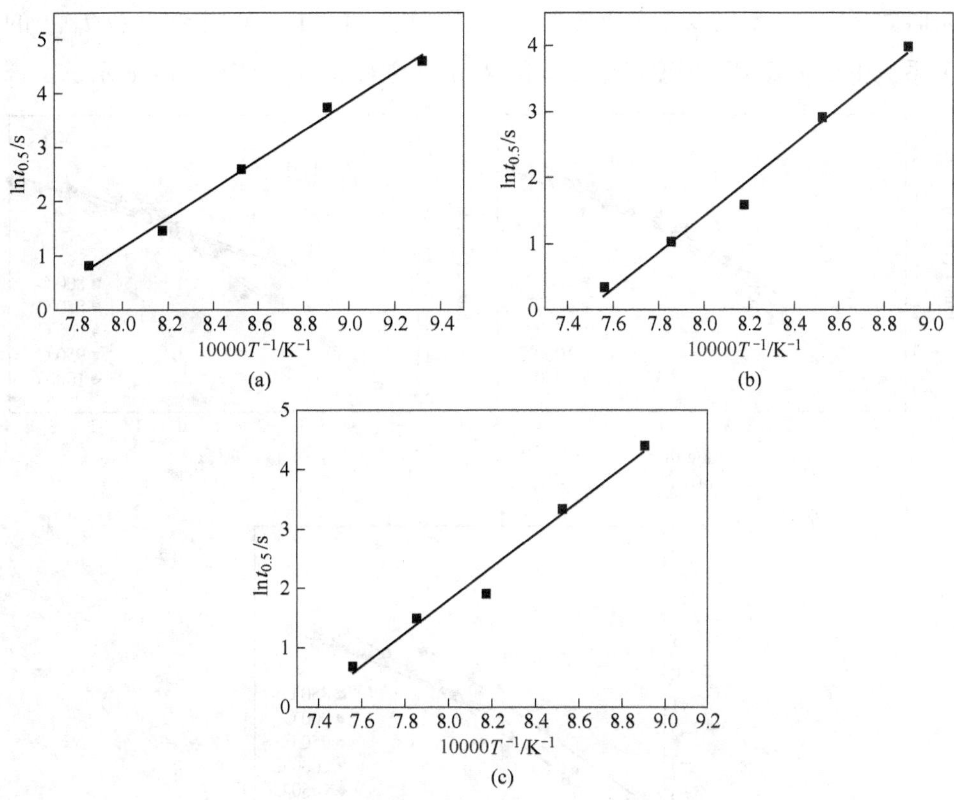

图 2-18 实验钢 50%再结晶时间（$t_{0.5}$）与 10000/T 之间的关系

（a）3.5%Ni 钢；（b）5%Ni 钢；（c）7%Ni 钢

2.5.3 静态再结晶动力学

静态再结晶动力学一般可用 Avrami 方程表示为：

$$X_s = 1 - \exp\left[-0.693\left(\frac{t}{t_{0.5}}\right)^n\right] \tag{2-33}$$

式中 X_s——静态再结晶率；

n——材料常数；

$t_{0.5}$——静态再结晶率达到50%的时间，式（2-31）已经给出。

对式（2-33）两边取双对数，得到：

$$\ln\ln\frac{1}{1-X_s} = n\ln\left(\frac{t}{t_{0.5}}\right) - 0.367 \tag{2-34}$$

由式（2-34）可知 $\ln\ln[1/(1-X_s)]$ 和 $\ln(t/t_{0.5})$ 呈直线关系，其斜率就是时间指数 n。根据双道次压缩实测数据中 $\ln\ln[1/(1-X_s)]$ 和 $\ln(t/t_{0.5})$ 的关系，得到实验钢不同变形温度下的 Avrami 方程曲线，如图 2-19 所示。

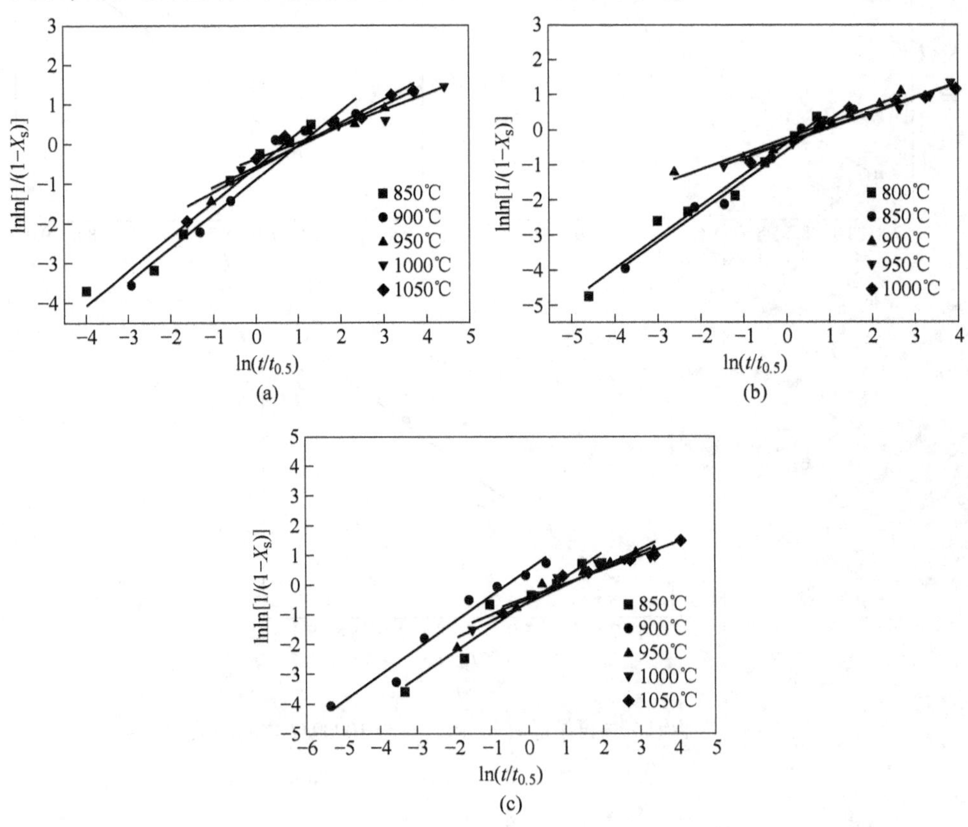

图 2-19 实验钢 $\ln\ln[1/(1-X_s)]$ 与 $\ln(t/t_{0.5})$ 的关系

（a）3.5%Ni 钢；（b）5%Ni 钢；（c）7%Ni 钢

由图 2-19 可见 n 值并不是常数，而是随温度变化的变量。变形温度与 n 值的关系通常可以表示为：

$$n = a\exp(b/T) \tag{2-35}$$

式中 a，b——常数；

T——热力学温度，K。

通过回归得到 a 和 b 的值，如表 2-3 所示。

表 2-3 回归得到的 a 和 b 的值

实验钢	a	b
3.5%Ni	0.00285	6200
5%Ni	0.00514	5850
7%Ni	0.00362	6350

将 $t_{0.5}$ 和 n 值代入式（2-33）中，便可以得到 Ni 系低温钢的奥氏体静态再结晶动力学方程：

$$X_s = 1 - \exp\left[-0.693\left(\frac{t}{t_{0.5}}\right)^n\right] \tag{2-36}$$

式中，对于 3.5%Ni 钢，$n = 0.00285\exp(6200/T)$；对于 5%Ni 钢，$n = 0.00514\exp(5850/T)$；对于 7%Ni 钢，$n = 0.00362\exp(6350/T)$。

3 Ni系低温钢的相变规律

3.1 引言

一般情况下Ni系低温钢需要进行QT或QLT等热处理工艺以获得良好的强度和低温韧性。钢的热处理基本上是由加热和冷却两个阶段组成，加热和冷却过程中发生的转变和最终得到的显微组织决定了钢的力学性能。由于热处理时的冷却大多为连续冷却，为更好地设计热处理生产工艺，需要对钢的连续冷却相变行为进行系统的研究。从钢的连续冷却转变曲线（CCT曲线）中可以得到不同冷却速度或变形程度下的相变温度、组织类型以及钢的临界淬火温度等参数，为Ni系低温钢热处理工艺的制定与改进提供理论依据。

3.2 实验材料及方案

3.2.1 实验材料

实验材料的成分如表3-1所示。3.5%Ni钢、5%Ni钢和9%Ni钢为国内某钢厂提供的连铸坯，连铸坯截面积为100mm×150 mm（宽×厚）。7%Ni钢为实验室40kg真空感应炉熔炼的钢锭，将钢锭开坯为截面为80mm×100mm（宽×厚）的钢坯。热轧实验在实验室ϕ450mm二辊可逆轧机上进行。将钢锭加热至1200℃保温2h，然后在奥氏体再结晶区将钢板轧制为12mm厚的板材。从热轧板上截取小块钢板加工成尺寸为ϕ3mm×10mm的相变仪试样，试样尺寸如图3-1所示。

3.2.2 实验方案

静态CCT实验在Formastor-FII相变仪上进行，测定Ni系低温钢的静态

表 3-1 实验钢的化学成分（质量分数,%）

实验钢	C	Mn	Si	Ni	P	S
3.5%Ni	0.055	0.62	0.21	3.46	0.001	0.005
5%Ni	0.049	0.67	0.14	5.04	0.004	0.001
7%Ni	0.046	0.58	0.19	7.13	0.007	0.010
9%Ni	0.041	0.64	0.20	9.01	0.004	0.001

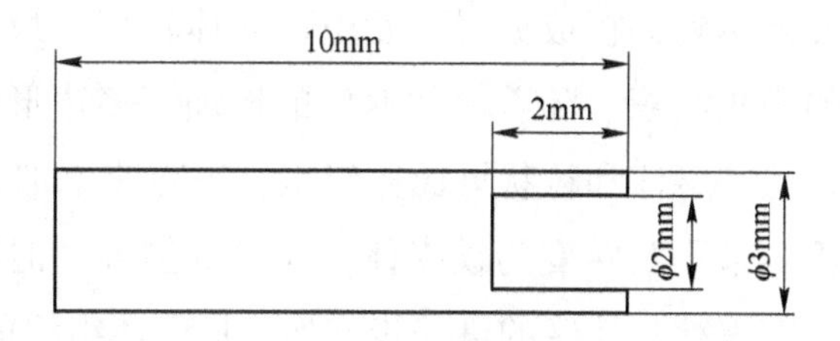

图 3-1 标准试样加工图

CCT 曲线，实验工艺如图 3-2 所示。将试样以 10℃/s 加热到 900℃，保温 3min 使组织均匀化，然后以不同的冷却速度（0.2℃/s、0.5℃/s、1℃/s、2℃/s、5℃/s、10℃/s、20℃/s、30℃/s、50℃/s）冷却至室温。根据实验得到的温度-膨胀量曲线，可以采用切线法确定各冷却速度条件下相变开始温度和结束温度。实验后，使用线切割沿轴线将试样切开，经粗磨、抛光后采用 4%硝酸酒精溶液腐蚀，然后采用 LEICA DMIRM 型光学显微镜（OM）、JEOL XM-8530F 型场发射电子探针（EPMA）等进行组织观察分析。采用宏观硬度计测量不同冷却速度条件下试样的维氏硬度，载荷为 100N。

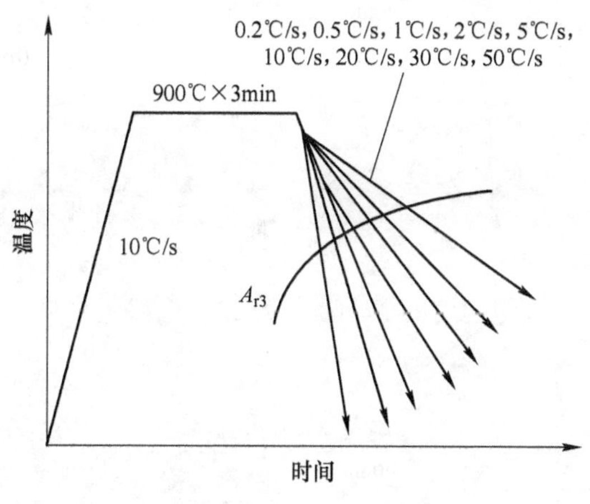

图 3-2 测定静态 CCT 曲线工艺图

3.3 实验结果及讨论

3.3.1 连续冷却过程中的组织转变

图 3-3 为 3.5%Ni 钢在不同冷却速度下的金相组织。冷速为 0.2℃/s 时，高温相变产物铁素体首先在奥氏体晶界等缺陷处形核和长大，形成先共析铁素体；当剩余奥氏体达到共析成分时，发生珠光体转变，最终组织为多边形铁素体和珠光体的多相组织。随着冷却速度的增加，多边形铁素体的尺寸变小，并且产生了针状铁素体和粒状贝氏体组织；当冷速增加到 20℃/s 时，由于冷速较快，奥氏体来不及转变为铁素体，在较低的温度时转变为粒状贝氏体和板条状组织。随着冷却速度的进一步增加，贝氏体组织的体积分数减少，板条状组织的体积分数增加。当冷速增加到 50℃/s 时，粒状贝氏体组织消失，得到的组织全为板条贝氏体/马氏体。

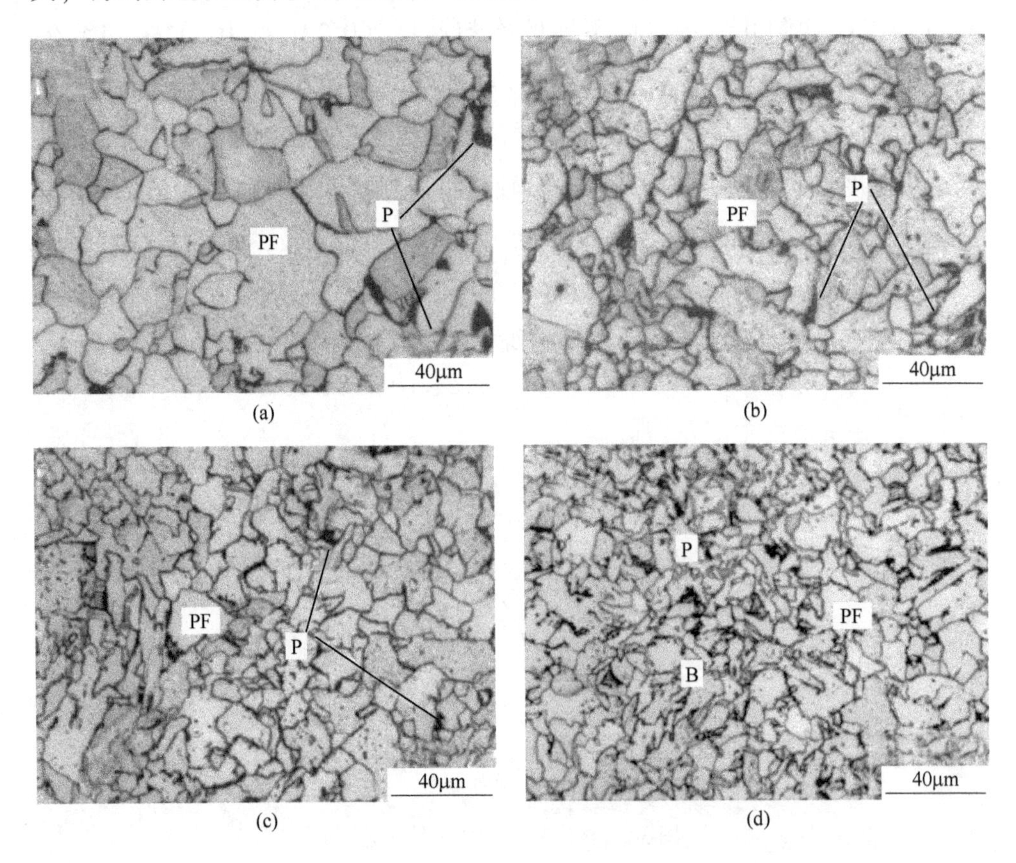

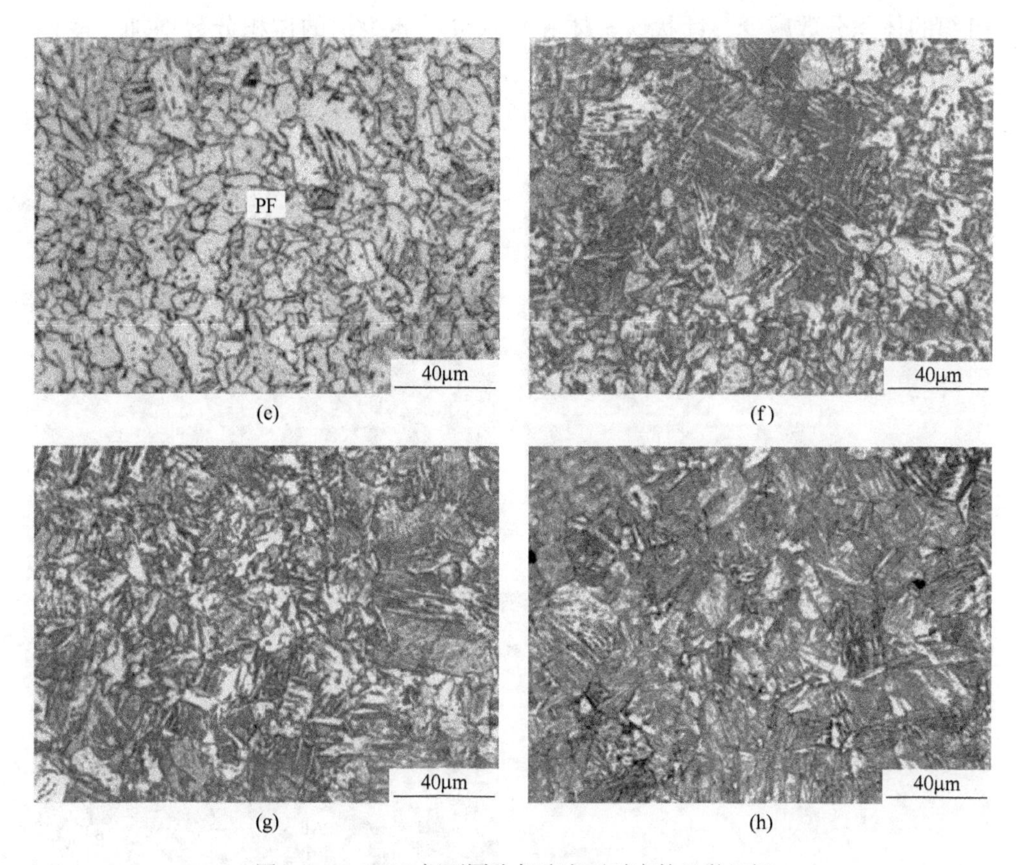

(e) (f) (g) (h)

图 3-3 3.5%Ni 钢不同冷却速度下对应的显微组织

(a) 0.2℃/s; (b) 1℃/s; (c) 2℃/s; (d) 5℃/s; (e) 10℃/s; (f) 20℃/s; (g) 30℃/s; (h) 50℃/s

图 3-4 示出了 3.5% Ni 钢在 0.2℃/s 和 2℃/s 冷速下对应的 SEM 像。3.5%Ni 钢在冷速为 0.2℃/s 条件下组织为多边形铁素体和珠光体，片状珠光体由片状交替的铁素体和渗碳体构成，从图 3-4（a）中可以清楚看到珠光体的片层结构。当冷速增加到 2℃/s 时，得到了少量的粒状贝氏体组织，从图 3-4（b）中可以观察到呈长条状的 M/A 岛。在连续冷却过程中，过冷奥氏体首先相变为多边形铁素体，铁素体长大时依靠 C 的远程扩散，将 C 排到邻近奥氏体中去，使奥氏体中 C 逐渐富集，随着铁素体的不断长大，富 C 奥氏体区域越来越小，最后成为被铁素体包围的孤立小岛，从而形成粒状贝氏体。5%Ni 钢在不同冷却速度下的金相组织如图 3-5 所示。可以看到，冷速为 0.2℃/s 时，5%Ni 钢的组织由先共析多边形铁素体和珠光体组成。当冷速为 1℃/s 时，组织中出现了少量的针状铁素体。随着冷速的增加，多边形铁素体

组织的体积分数减少，针状铁素体和粒状贝氏体组织的体积分数增加。冷速为 5℃/s 时，开始有板条状组织生成。冷速为 10℃/s 时，不发生多边形铁素体转变，组织类型以板条状为主。

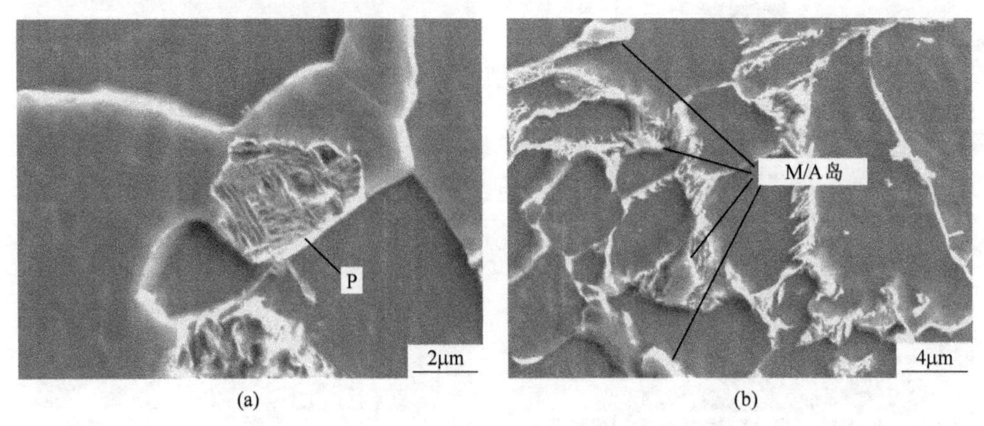

图 3-4 3.5%Ni 钢不同冷却速度下对应的 SEM 组织形貌

(a) 0.2℃/s；(b) 2℃/s

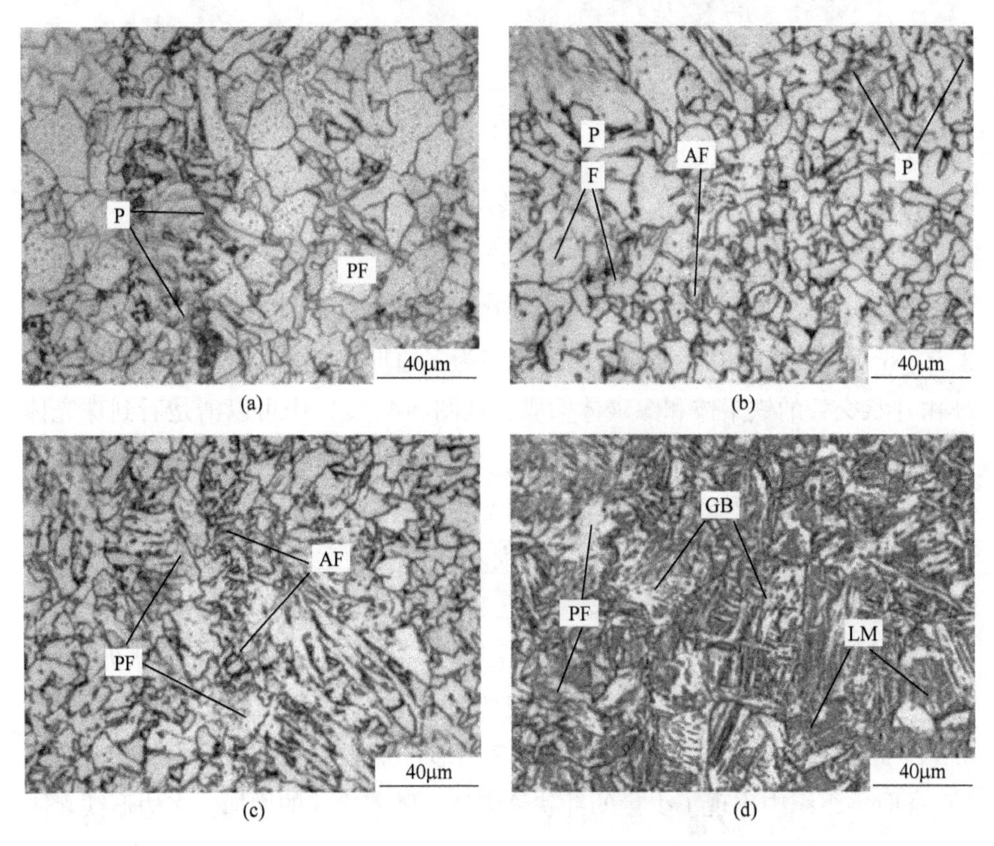

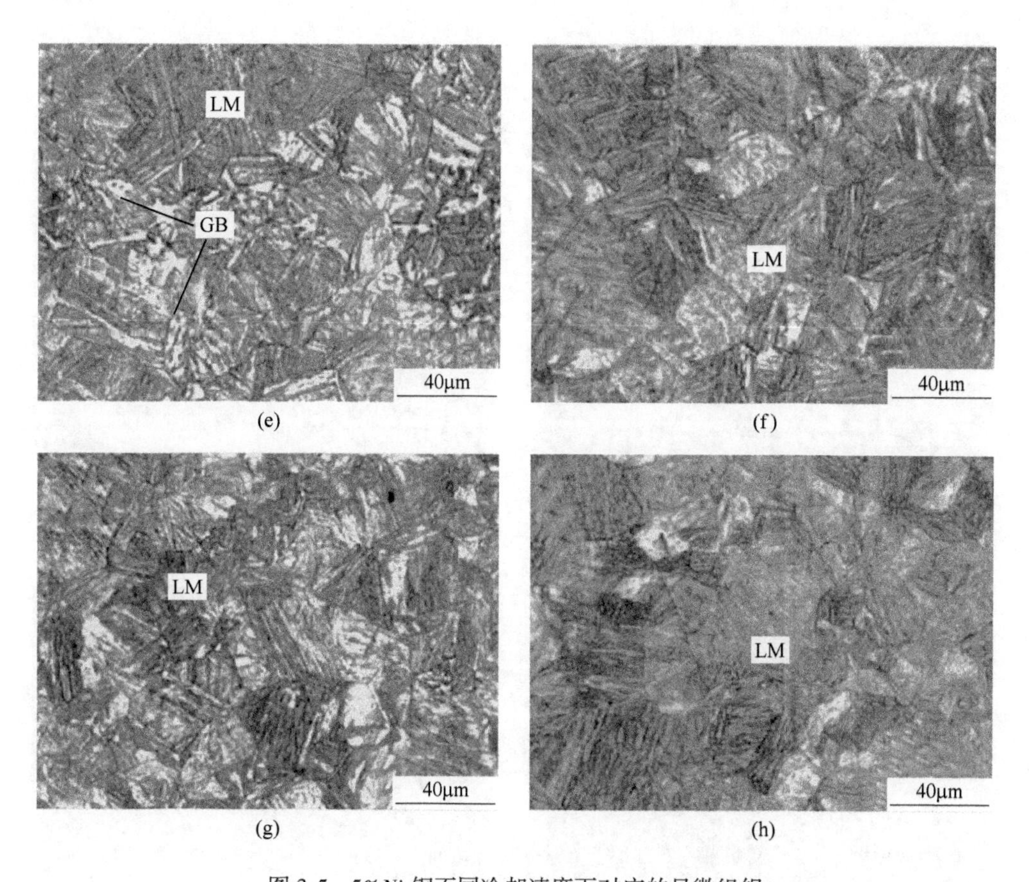

图 3-5 5%Ni 钢不同冷却速度下对应的显微组织

(a) 0.2℃/s; (b) 1℃/s; (c) 2℃/s; (d) 5℃/s; (e) 10℃/s; (f) 20℃/s; (g) 30℃/s; (h) 50℃/s

7%Ni 钢在不同冷却速度下的金相组织如图 3-6 所示。可以看到，冷速为 0.2℃/s 时，7%Ni 钢的显微组织为多边形铁素体、珠光体和粒状贝氏体的多

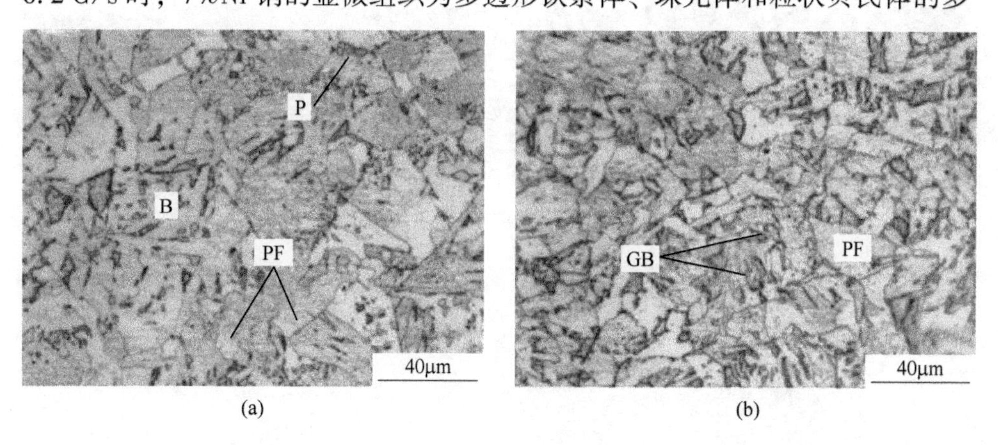

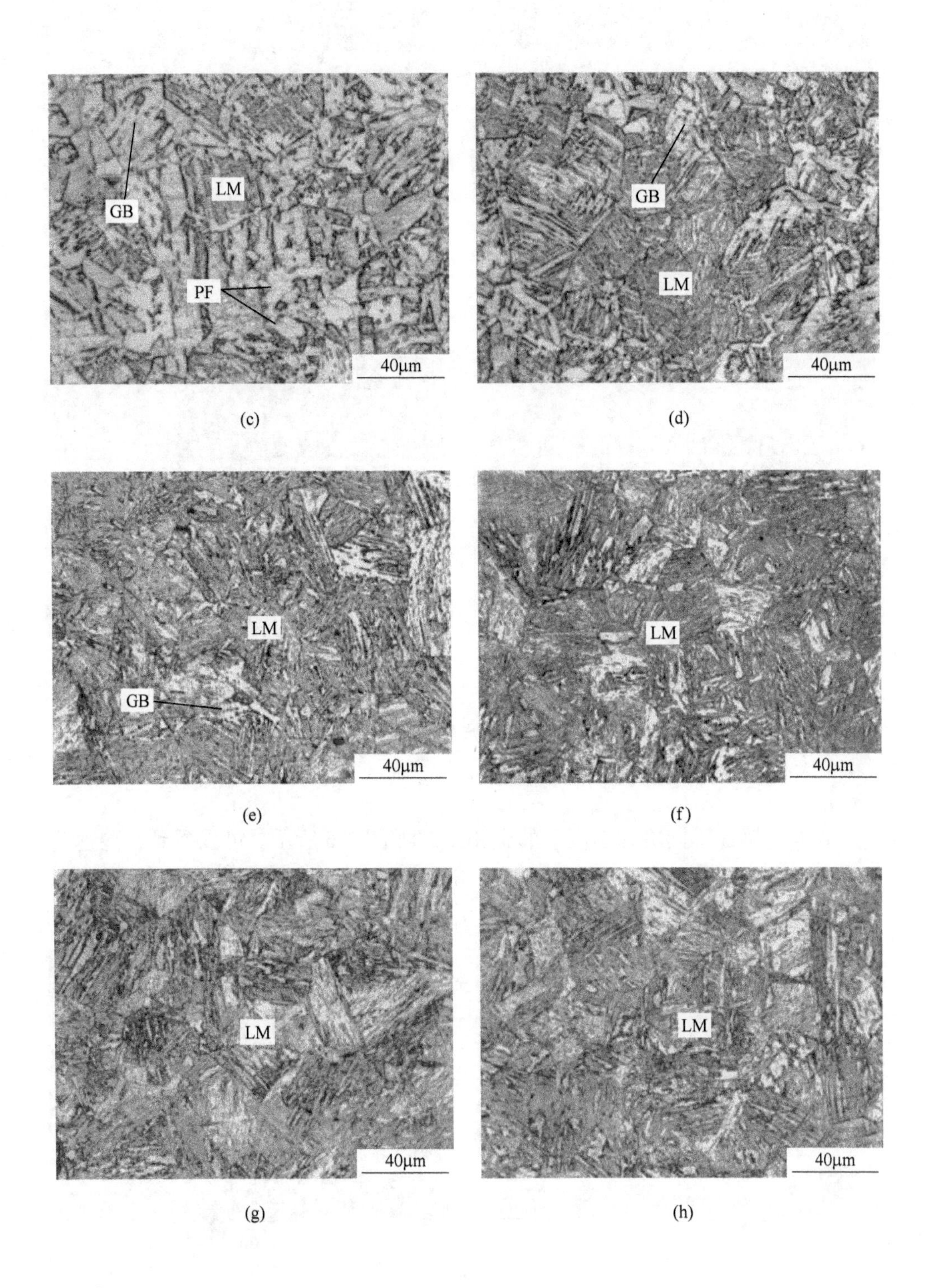

(c) (d)

(e) (f)

(g) (h)

(i)

图 3-6 7%Ni 钢不同冷却速度下对应的显微组织

(a) 0.2℃/s；(b) 0.5℃/s；(c) 1℃/s；(d) 2℃/s；(e) 5℃/s；(f) 10℃/s；
(g) 20℃/s；(h) 30℃/s；(i) 50℃/s

相组织；当冷速为 1℃/s 时，开始出现少量的板条状组织。随着冷速的增加，多边形铁素体含量减少，粒状贝氏体和板条状组织含量增加。冷速为 10℃/s，粒状贝氏体组织消失，组织类型全部为板条状。9%Ni 钢在不同冷却速度下的金相组织如图 3-7 所示。可以看到，冷速为 0.2℃/s 时，得到了多边形铁素体、粒状贝氏体和板条马氏体的多相组织。随着冷速的增大，多边形铁素体和粒状贝氏体相变受到抑制。冷速增加到 2℃/s 时，多边形铁素体和粒状贝氏体组织消失，得到的组织主要为板条马氏体。

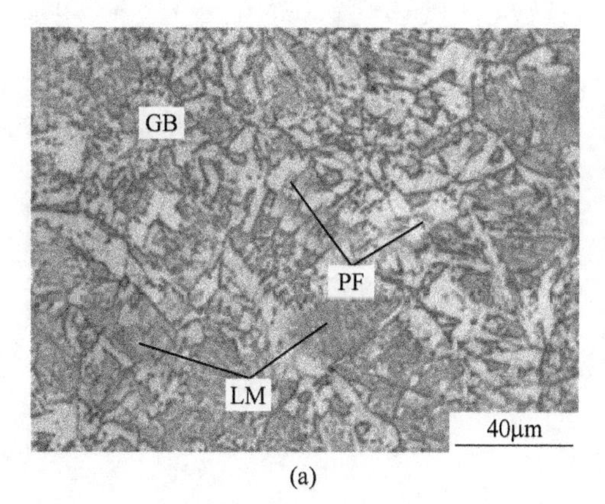

(a)

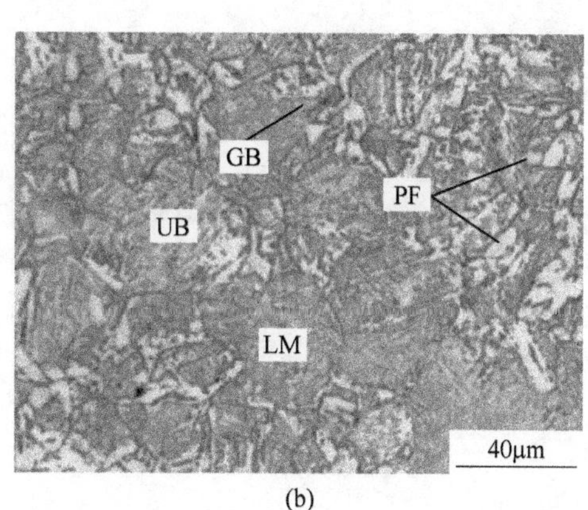

(b)

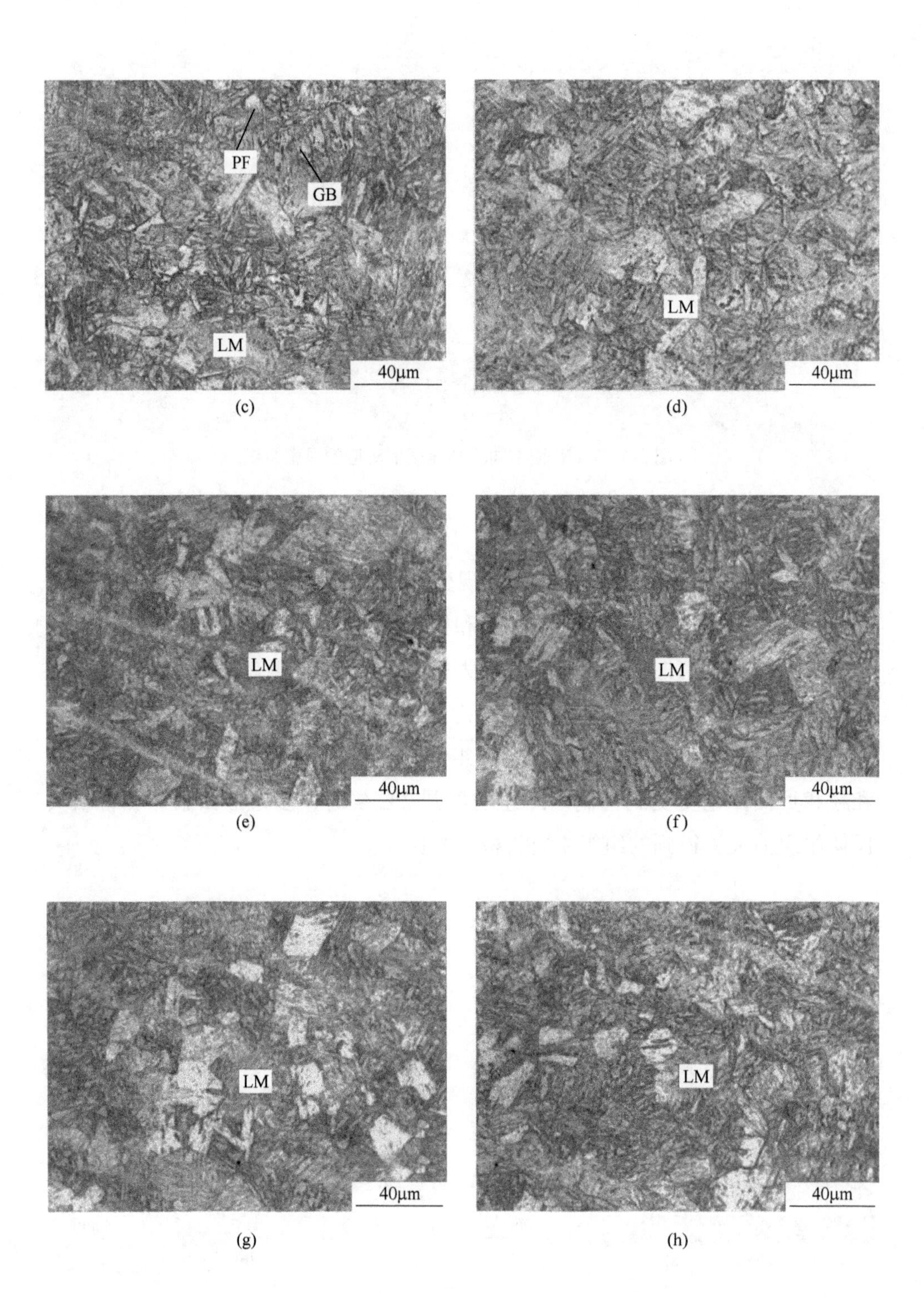
PF
GB
LM
40μm
(c)
LM
40μm
(d)
LM
40μm
(e)
LM
40μm
(f)
LM
40μm
(g)
LM
40μm
(h)

(i)

图 3-7　9%Ni 钢不同冷却速度下对应的显微组织

(a)0.2℃/s;(b)0.5℃/s;(c)1℃/s;(d)2℃/s;(e)5℃/s;(f)10℃/s;(g)20℃/s;(h)30℃/s;(i)50℃/s

图 3-8 示出了四种实验钢中多边形铁素体转变量和晶粒尺寸随冷却速度的变化规律。从图中可以看出随着冷却速度的增加，铁素体转变量减少，晶粒尺寸逐渐减小。随着冷却速度的增加，过冷度增大，使得奥氏体和铁素体的自由能差增大，也即相变驱动力增大，从而提高了形核率。另外铁素体的形成过程受原子扩散过程控制，当相变温度较低时，原子的扩散系数减小，导致铁素体的长大速度变慢，因此多边形铁素体的转变量和晶粒尺寸随冷却速度的增加而减小。多边形铁素体的形核和长大过程中，奥氏体形成元素 C、Ni、Mn 等重新配分到奥氏体中，建立局部相平衡，这使得奥氏体中合金元素富集，奥氏体变得更加稳定，在较低温度下相变为贝氏体或马氏体组织。Ni 含量越高，奥氏体越稳定，铁素体的转变量也就越少，如图 3-8（a）所示。

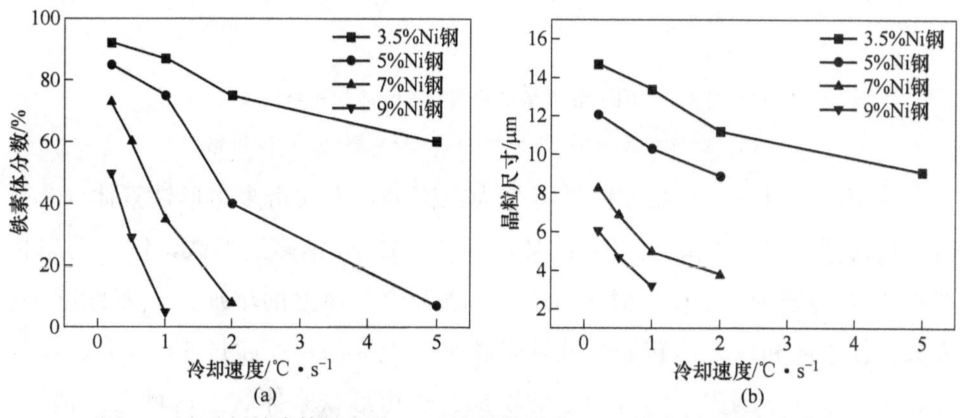

图 3-8　实验钢铁素体转变量（a）和晶粒尺寸（b）随冷却速度的变化规律

3.3.2 连续冷却相变行为

由相变仪采集的温度与膨胀量的数据，结合金相法测定不同冷却速度下各相百分含量，应用“杠杆定则”在膨胀量-温度曲线上确定相变点，绘制了实验钢的静态 CCT 曲线如图 3-9 所示。

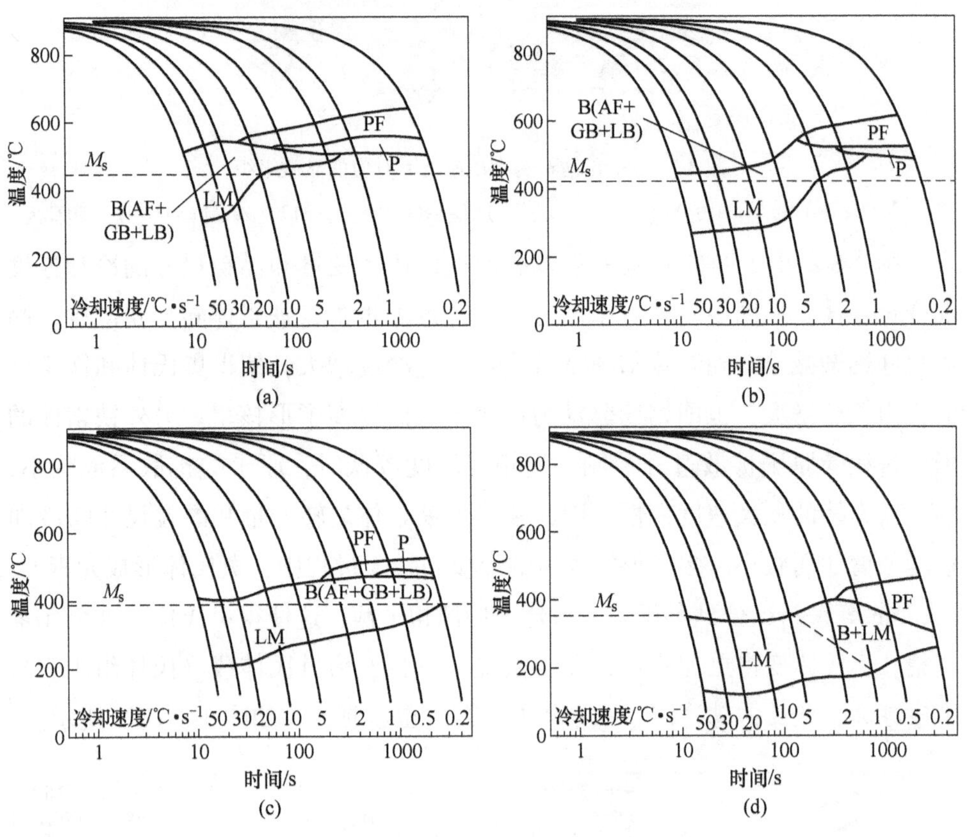

图 3-9 不同 Ni 含量实验钢的连续冷却转变曲线

(a) 3.5%Ni 钢；(b) 5%Ni 钢；(c) 7%Ni 钢；(d) 9%Ni 钢

从图中可以看到其相变区域可分为三部分：先共析多边形铁素体（PF）区、贝氏体（B）区和马氏体（LM）区。3.5%Ni 钢多边形铁素体的动态相变点 A_{r3}在冷速为 0.2℃/s 时为 643℃，随着冷却速度的增加，A_{r3}不断减小，先共析铁素体和珠光体转变区域越来越窄。当冷却速度超过 5℃/s 时，珠光体转变区域基本消失。随着冷速的增加，多边形铁素体转变区域逐渐消失，而贝氏体转变区域增大。当冷速大于 10℃/s 时，开始有马氏体组织形成，得到的组织为贝氏体和马氏体。马氏体转变区域随着冷速的增加而增大。

从图 3-9 中还可以看到 Ni 元素的添加使得 CCT 曲线右移。在冷速为 0.2℃/s 条件下，Ni 的质量分数在 3.5%~7%之间时，实验钢组织中含有少量的珠光体，当 Ni 的质量分数增加到 9%时，珠光体转变区消失，说明 Ni 的添加抑制了珠光体的生成。这一方面是由于 Ni 阻碍了奥氏体向铁素体的同素异构转变速度，特别是增加了 α-Fe 的形核功；另一方面 Ni 同时又降低了 A_1 点，使珠光体转变的驱动力减小而使得其转变速度下降[36]。冷速为 5℃/s 时，3.5%Ni 钢相变组织为多边形铁素体和贝氏体；当 Ni 的质量分数增加到 5%及以上时，多边形铁素体组织消失。这说明在低冷速下 Ni 抑制了铁素体相变，促进了贝氏体和马氏体相变。冷速为 20℃/s 时，3.5%Ni 钢组织中为板条马氏体和粒状贝氏体的混合组织，其中粒状贝氏体组织约占 60%；当 Ni 的质量分数增加到 5%及以上时，实验钢中粒状贝氏体组织消失。这说明在高冷速下 Ni 则会抑制贝氏体相变，促进马氏体相变，并会显著降低马氏体的临界冷却速度。因此，低 Ni 钢淬火时需要增加冷却速度才能获得马氏体组织。

多边形铁素体的相变开始温度随冷却速度的变化关系如图 3-10 所示。从图中可以看到铁素体相变开始温度随冷却速度的增加而降低。这是由于冷却速度增加使得原子扩散速率降低。在同一冷却速度下，实验钢的铁素体相变开始温度随 Ni 含量的增加而降低。这是由于 Ni 是扩大 γ 相区并稳定奥氏体的元素，可以减少奥氏体和铁素体的自由能，降低相变驱动力，阻碍 α 相的形成，从而使 γ→α 转变温度降低。

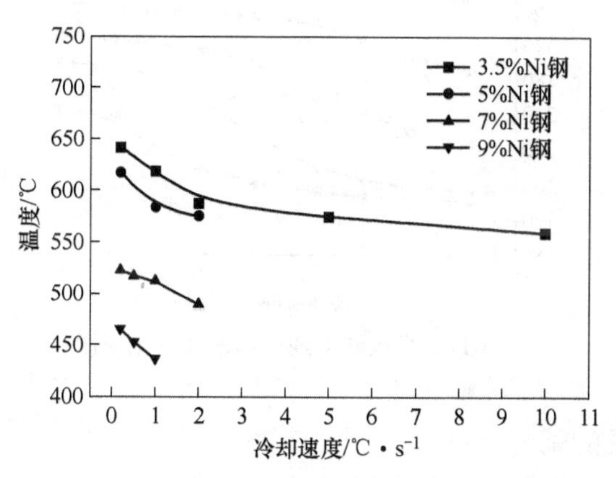

图 3-10 PF 相变开始温度随冷却速度的变化规律

3.3.3 维氏硬度分析

图 3-11 为实验钢的维氏硬度随冷却速度的变化曲线。四种实验钢的硬度均随冷却速度的增加而增加，当冷却速度增加到一定程度时硬度的增加变得缓慢。当冷速为 0.2℃/s 和 0.5℃/s 时，四种实验钢组织中均存在一定量的铁素体，因此硬度值较低。随着冷却速度的增加，多边形铁素体相体积分数减少，贝氏体、马氏体等硬相的体积分数增加，使得实验钢的硬度迅速增加。冷速超过 2℃/s 之后，9%Ni 钢组织以马氏体为主，硬度增加速度变缓。此时硬度的增加主要是由于马氏体组织细化及位错密度的增加导致的。对于 3.5% Ni 钢，当冷速在 0.2~2℃/s 区间时，组织为铁素体和珠光体，其硬度变化不大。但是当冷速大于 5℃/s 后，相变组织为铁素体和贝氏体，且随着冷却速度增加，铁素体含量减少，贝氏体含量增加，因此 3.5%Ni 钢在冷速为 5 ~ 20℃/s 区间时硬度显著增加。当冷速大于 20℃/s 后，组织中有大量马氏体形成，此时硬度主要受马氏体和贝氏体相体积分数的影响。随着冷却速度的增加，马氏体相体积分数增加，使得 3.5%Ni 钢硬度也随之增加。从图 3-11 中还可以看到，在同一冷却速度下，Ni 含量较高的实验钢硬度更高。这是由于在较低的冷却速度条件下，9%Ni 钢的相变温度远低于 3.5%Ni 钢，组织中也含有更多的贝氏体和马氏体，所以具有更高的组织细化、位错强化和相变强化效应。

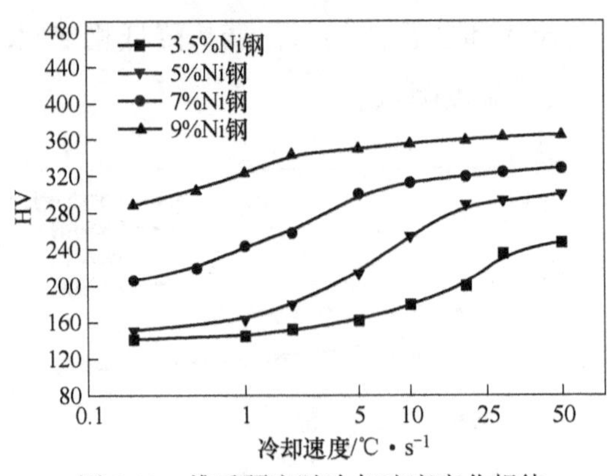

图 3-11 维氏硬度随冷却速度变化规律

3.3.4 合金元素的配分

在相变过程中合金成分会重新配分，合金元素融入奥氏体中形成合金奥氏体，合金元素对奥氏体分解行为及铁素体、贝氏体和马氏体等相的形成都会产生影响[37]。合金元素的配分不仅直接影响到各相比例、分布及钢板的力学性能，还会对组织中逆转奥氏体的生成和稳定性及基体材料的塑性产生影响。因此采用 EPMA 对 5%Ni 钢组织的微观偏析行为进行了研究。

图 3-12 为冷速为 0.2℃/s 时 5%Ni 钢显微组织和电子探针面扫描图像，从图 3-12（a）中可以看出，试样显微组织为铁素体和珠光体的混合组织，组织呈粗细相间分布，在粗大组织区基本为铁素体组织。元素分布图显示 C、Mn 和 Ni 元素均在细小组织区域富集。冷速为 0.2℃/s 时，过冷奥氏体首先相变为多边形铁素体，随着多边形铁素体的形核和长大，碳原子不断从铁素体中向奥氏体中偏聚。当奥氏体达到共析成分时，将转变为珠光体，因此 C 元素在珠光体中的渗碳体中富集。除 C 原子外，奥氏体稳定元素 Ni 和 Mn 也会离开铁素体扩散进入到奥氏体中。这部分富合金元素的奥氏体具有较好的热稳定性，在较低的温度才会发生相变，生成的组织也较为细小，因此 Ni 和 Mn 元素在细小组织区域富集。

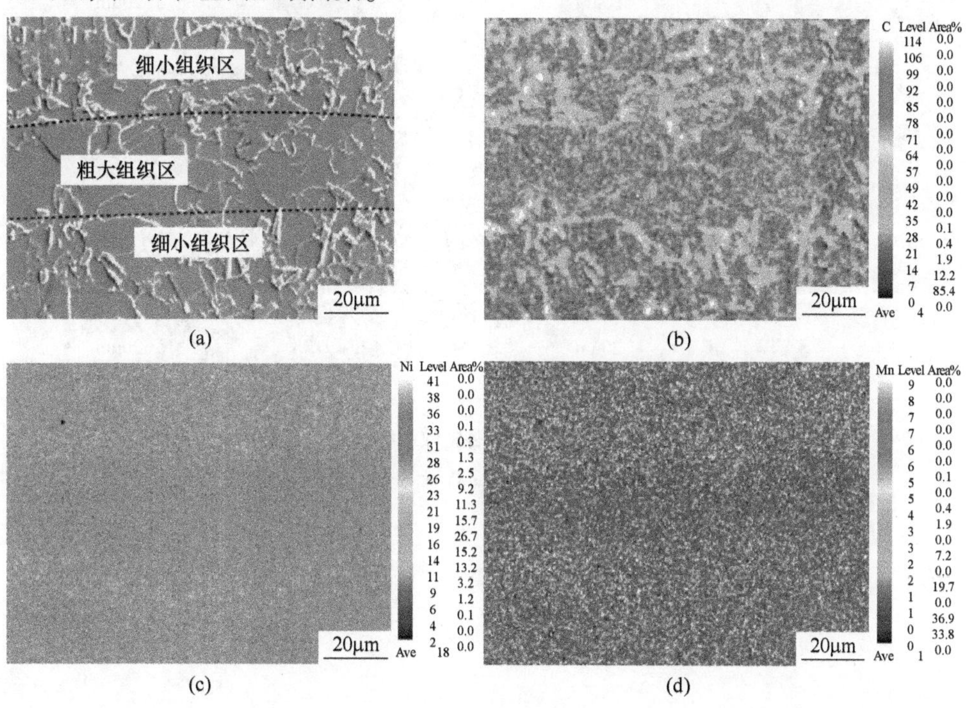

图 3-12 冷速为 0.2℃/s 时 5%Ni 钢显微组织和电子探针面扫描图像

（a）二次电子像；（b）C 元素分布；（c）Ni 元素分布；（d）Mn 元素分布

图 3-13 为冷速为 20℃/s 时 5%Ni 钢显微组织和电子探针面扫描图像。从图 3-13（a）中可以看出试样显微组织主要为板条马氏体。元素分布图显示 C 元素总体分布比较均匀，而 Ni 元素沿纵向存在着偏析带。由 CCT 曲线可知此时相变温度非常低，C 原子与合金元素原子的扩散非常困难，此时主要发生马氏体相变。马氏体相变是在无扩散条件下进行的，相变过程中只有点阵结构发生变化，相变后的马氏体与相变前的奥氏体成分相同，因此 C 元素总体分布均匀。Ni 元素分布不均应该是由于奥氏体化时间较短，Ni 元素还未均匀化导致的。

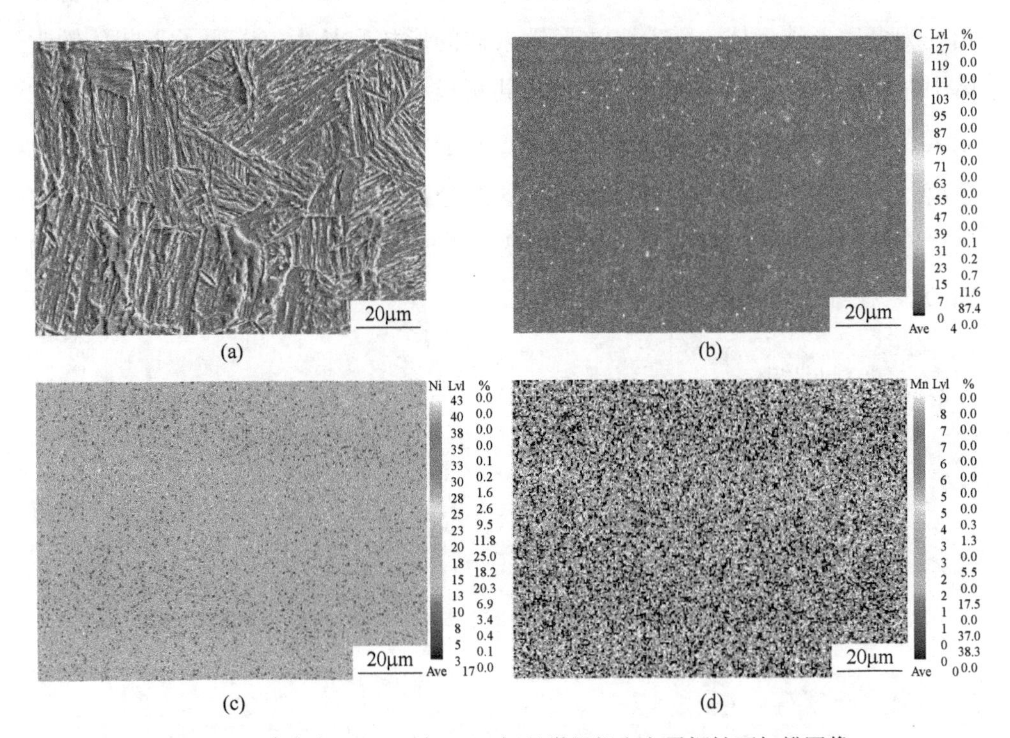

图 3-13 冷速为 20℃/s 时 5%Ni 钢显微组织和电子探针面扫描图像

（a）二次电子像；（b）C 元素分布；（c）Ni 元素分布；（d）Mn 元素分布

4 QT 工艺条件下 Ni 系低温钢的强韧化

4.1 引言

Ni 系低温钢长期在极低温环境下服役，因此要求其具备优异的低温韧性和较高的强度。但是 Ni 系低温钢需要进行合适的热处理才能获得较好的强韧性，因此国内外学者对 Ni 系低温钢不同热处理工艺条件下的显微组织与力学性能的关系进行了大量的研究[38~40]。在目前先进的冶金装备和技术保障下，Ni 系低温钢在工业生产中采用 QT 工艺进行热处理即可获得优异的低温韧性。因此，有必要系统研究 QT 热处理条件下的组织性能和强韧化机理，为 Ni 系低温钢工业化生产提供理论依据。同时，Ni 元素是 Ni 系低温钢最重要的添加合金，明确 Ni 元素的强韧化影响机理对于 Ni 系低温钢合金成分设计和热处理工艺改进具有重要的理论意义。

4.2 QT 工艺对 Ni 系低温钢组织性能的影响

4.2.1 实验材料及方法

实验用钢的化学成分见表 4-1。3.5%Ni 钢和 7%Ni 钢采用 40kg 真空感应炉熔炼获得，并开坯为截面为 80mm×100mm（宽×厚）的钢坯。将钢坯加热到 1200℃并保温 2h 或以上，然后在实验室 ϕ450mm 轧机上进行轧制，采用粗轧和精轧两阶段控轧工艺将钢坯最终轧至 15mm，再结晶区轧制温度为 1050~1150℃，精轧开轧温度约为 880℃，待温厚度为 35mm，终轧温度约为 860℃，终轧完成后直接空冷至室温。5%Ni 钢为国内某钢厂提供的 20mm 热轧板。9%Ni 钢为国内某钢厂提供的 150mm 厚的连铸坯，将连铸坯加热至 1200℃并保温 2h 进行充分奥氏体化后，采用两阶段轧制工艺将连铸坯轧制为 20mm 厚的热轧板，再结晶区轧制温度为 1050~1150℃，未再结晶区开轧温度约为

880℃，待温厚度为 46mm，终轧温度约为 860℃，终轧后立即空冷到室温。

表 4-1 实验钢的化学成分（质量分数,%）

实验钢	C	Mn	Si	Ni	P	S
3.5%Ni	0.056	0.68	0.20	3.53	0.011	0.008
5%Ni	0.049	0.67	0.14	5.04	0.004	0.001
7%Ni	0.046	0.58	0.19	7.13	0.007	0.010
9%Ni	0.041	0.64	0.20	9.01	0.004	0.001

QT 热处理实验在箱式电阻炉中进行，分别改变奥氏体化温度、回火温度和回火时间参数进行 QT 热处理。从淬火钢板和回火钢板上切取试样，其纵断面经粗磨、抛光后用 4%硝酸酒精溶液腐蚀，采用 OM 和 JEOL XM-8530F 型场发射电子探针（EPMA）对其进行显微组织观察，采用 EPMA 对试样中合金元素的分布情况进行分析。淬火态试样采用化学腐蚀法显示其原奥氏体晶界，腐蚀液由过饱和苦味酸、适量海鸥牌洗发膏和两滴二甲苯组成，腐蚀温度在 75~90℃之间，腐蚀时间约为 1~2min，腐蚀后采用 OM 观察原奥氏体组织的形貌。原奥氏体晶粒平均尺寸采用截距法进行统计测量。回火态试样经电解抛光去应力后，采用 EBSD 进行组织检测和分析，电解液为 12.5%的高氯酸酒精溶液，电解抛光电压和时间分别为 27V 和 35s。采用线切割从金相试样上切取 500μm 的薄片，机械减薄至 50μm 后冲为直径为 3mm 的圆形薄片，经双喷减薄后在 FEI Tecnai G2 F20 型透射电子显微镜（TEM）上进行显微组织观察，电解液为 9%的高氯酸酒精溶液，双喷电压为 25~35V。为了测定试样中逆转奥氏体的体积分数，采用 PM3040/60 X 射线衍射仪（XRD）进行物相分析，步宽为 0.02°，逆转奥氏体含量根据式（4-1）进行计算[41,42]：

$$V_\gamma = 1.4I_\gamma/(I_\alpha + I_\gamma) \tag{4-1}$$

式中，V_γ——逆转奥氏体体积分数；

I_α——（200）$_\alpha$和（211）$_\alpha$晶面衍射峰的积分强度；

I_γ——（200）$_\gamma$、（220）$_\gamma$和（311）$_\gamma$晶面衍射峰的积分强度。

拉伸试样按照 GB 228—2002《金属拉伸试验方法》加工成 ϕ8mm 标准拉伸试样。采用 Instron 万能试验机检测实验钢的室温拉伸性能，拉伸速度恒定为 5mm/min。低温冲击韧性试验按 GB/T 229—1994《金属夏比缺口冲击试验方法》加工成 10mm×10mm×55 mm 的标准夏比 V 形缺口试样。冲击试验在 Instron 9250HV 型落锤冲击试验机上进行。测试前将冲击试样和夹具放入液氮和异戊烷混合溶液中保温 10min 以上使温度均匀化。拉伸试样沿钢板轧向取样，冲击试样沿钢板横向取样。采用 FEI Quanta 600 型扫描电镜（SEM）观察断口形貌。

4.2.2 3.5%Ni 钢组织演变与力学性能

采用 Formastor-FII 相变膨胀仪检测了 3.5%Ni 钢的相变临界点，相变仪试样的尺寸如图 3-1 所示，试样的加热速度为 200℃/h，得到 3.5%Ni 钢 α→γ 的开始转变和转变结束温度分别为 644℃ 和 774℃。

为了避免淬火生成较多的粒状贝氏体组织，将 3.5%Ni 钢板切成尺寸为 14mm×15mm×130mm（宽×厚×长）的小块试样进行热处理，且淬火时需要在较大的水箱中进行，以保证冷却速度。3.5%Ni 钢具体工艺参数为：

（1）800、830、860、920℃×40min+610℃×60min；

（2）830℃×40min+580、610、640℃×60min；

（3）830℃×40min+610℃×20、40、60、120min。

4.2.2.1 奥氏体化温度对组织性能的影响

不同奥氏体化温度条件下 3.5%Ni 钢的力学性能如图 4-1 所示。可以看到在 800~860℃范围内，3.5%Ni 钢的冲击功变化不大，当奥氏体化温度升高到

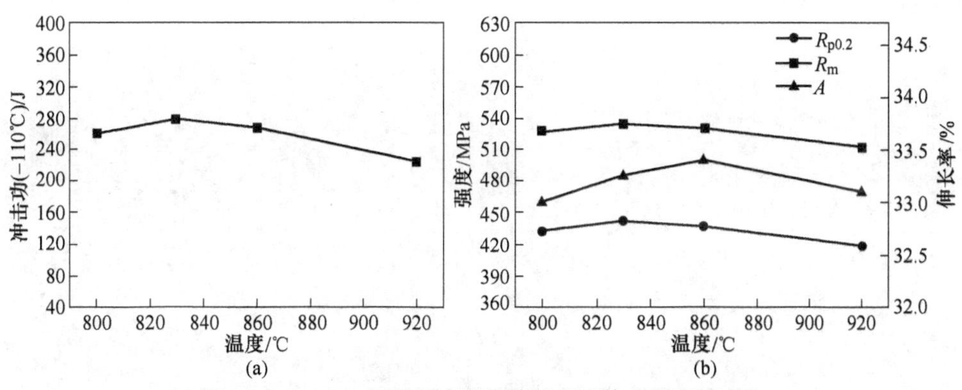

图 4-1 3.5%Ni 钢板的力学性能随奥氏体化温度的变化

（a）冲击功；（b）拉伸性能

920℃时，冲击功明显下降。在实验温度范围内，强度随奥氏体化温度的升高变化不大。

奥氏体化的目的是获得成分均匀、晶粒细小均匀的奥氏体，为之后的转变奠定组织基础。图 4-2 示出了 3.5%Ni 钢 800~920℃保温淬火试样的原奥氏体晶粒。可以看出，奥氏体化温度对原奥氏体晶粒的尺寸和均匀性等形态有显著影响，随着奥氏体化温度的升高，原奥氏体晶粒逐渐粗化。当奥氏体化温度为 800℃时，在大尺寸晶粒晶界处存在大量直径在 5μm 以下的再结晶小晶粒，晶粒尺寸分布不均匀，在变形时容易在局部引起应力集中，造成力学性能的降低。当奥氏体化温度升高到 830℃时，在大尺寸晶粒的晶界上及三叉晶界处再结晶晶粒已经长大，整个断面基本为等轴晶且分布均匀，原奥氏体晶粒尺寸为 19.1μm。奥氏体化温度升高到 860℃时，原奥氏体晶粒略有粗化但是变化不大。这说明奥氏体化温度在 800~860℃之间时，奥氏体晶粒长大的趋势对温度的敏感性较小。奥氏体晶粒长大时，晶界迁移的驱动力主要来自界面能的降低。奥氏体化温度较低时，奥氏体晶粒细小，界面弯曲，晶界面积大，界面能量很高、不稳定；当温度升高时，奥氏体晶粒会发生相互吞并的现象，通过大晶粒吞并小晶粒使得界面积减少，从而降低界面能。因此当奥氏体化温度升高到 920℃时，部分奥氏体晶粒明显粗化，出现了一些尺寸在 50μm 左右的大晶粒，晶粒平均尺寸为 24.7μm。冲击韧性随原奥氏体晶粒尺寸的增加而降低[43~45]，因而奥氏体化温度过高时，冲击功减小。考虑到奥氏体化时间和成分均匀化的需要，奥氏体化温度应控制在 830~860℃左右。

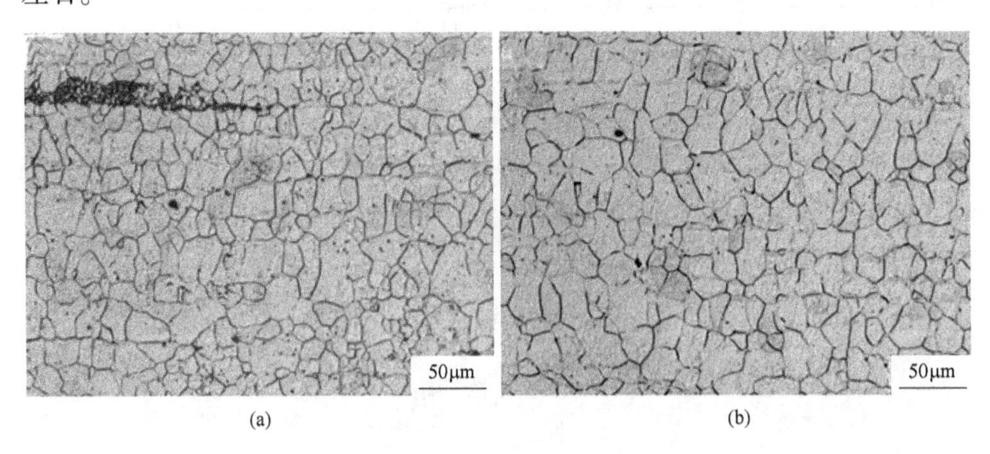

(a) (b)

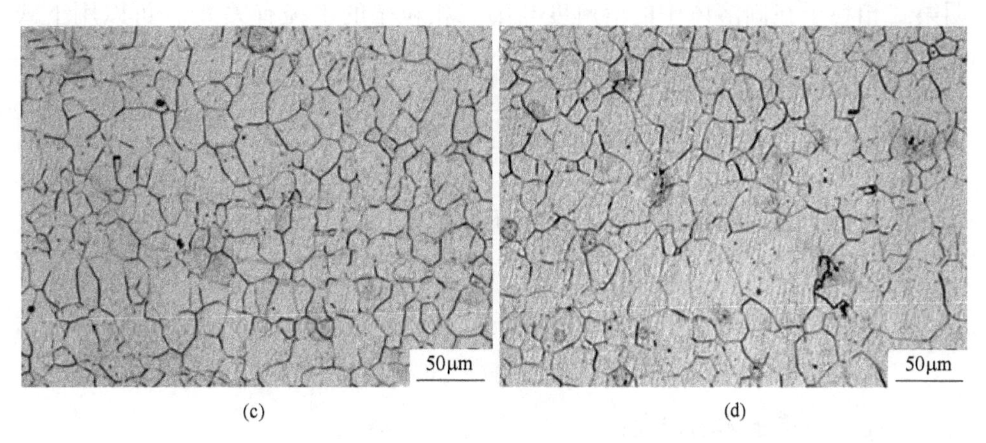

图 4-2 不同奥氏体化温度下的原奥氏体晶粒组织

(a) 800℃;(b) 830℃;(c) 860℃;(d) 920℃

4.2.2.2 回火温度对组织性能的影响

图 4-3 示出了 3.5%Ni 钢在不同温度回火 60min 后的力学性能。可以看到，随回火温度的升高，冲击功呈现先升高后下降的趋势，在 600℃ 时达到峰值；伸长率一直增加，而抗拉强度和屈服强度则不断降低。

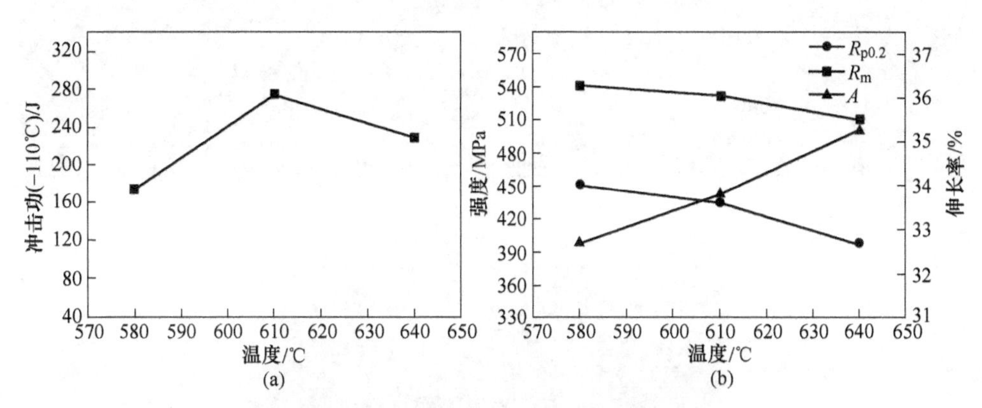

图 4-3 3.5%Ni 钢力学性能随回火温度的变化

(a) 冲击功;(b) 拉伸性能

图 4-4 示出了 3.5%Ni 钢在不同回火温度下的显微组织。可以看出，580℃ 回火时回火马氏体还保留着板条特征，板条间弥散分布着大量细小的渗碳体，随着回火温度的升高，板条合并变宽，渗碳体没有明显长大；当回火温度升高到 640℃ 时，板条组织基本消失，部分渗碳体也明显粗化。研究表

明第二相粒子在固溶体中的溶解度与第二相粒子的半径有关[46]，可以用下式表示：

$$\ln \frac{C_r}{C_\infty} = \frac{2M\sigma}{RTr\rho} \tag{4-2}$$

式中 C_r——第二相粒子半径为 r 时的溶解度；

C_∞——第二相粒子半径为∞时的溶解度；

M——第二相粒子的相对分子质量；

σ——单位面积界面能；

ρ——渗碳体的密度；

R——气体常数；

T——绝对温度；

r——第二相粒子的半径。

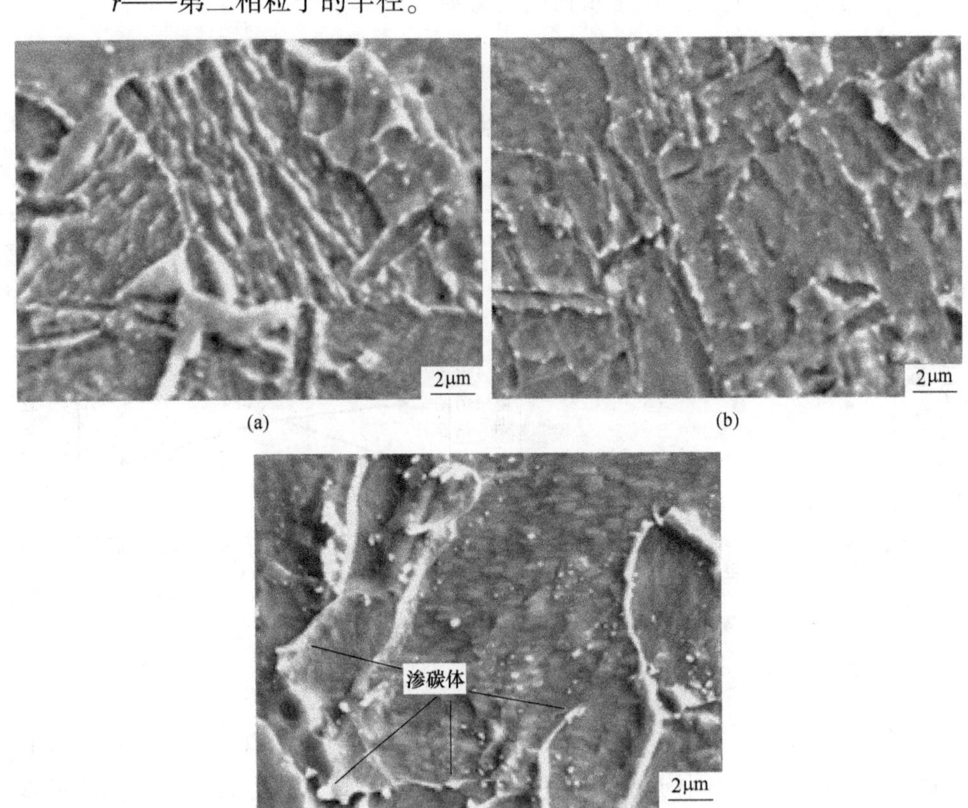

图 4-4 不同回火温度下试样的显微组织

(a) 580℃；(b) 610℃；(c) 640℃

可见第二相粒子的半径越小，其在基体中的固溶度越大。因此在高温回火过程中，体积较小的渗碳体重新融入 α 相中，而体积较大的渗碳体不断的接收从 α 相中扩散来的 C 原子而长大。

图 4-5 示出了 3.5%Ni 钢经 830℃淬火，然后在不同温度回火后的 TEM 像。由图可见，淬火态组织主要为一组相互平行的马氏体板条组成的板条束，板条界的取向差较小，属于小角度晶界；马氏体板条宽度为 0.2μm 左右，在板条内部存在着高密度的位错，这些位错分布不均匀，形成胞状亚结构。经 570℃回火后，板条马氏体发生回复，α 相中的高密度位错通过滑移与攀移而相消，使得晶内位错密度下降，部分板条界面消失与相邻板条合并形成宽的

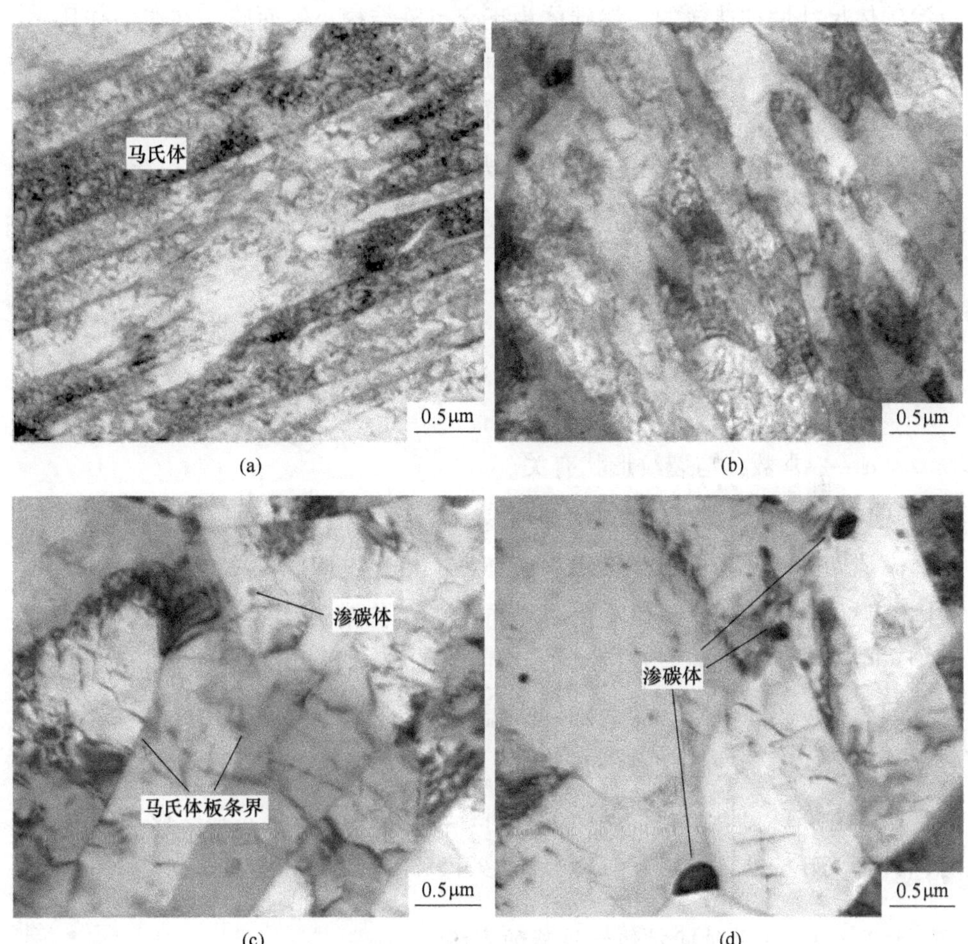

图 4-5 不同温度回火后实验钢的 TEM 形貌

(a) 淬火态；(b) 580℃；(c) 610℃；(d) 640℃

板条。回火温度升高到 610℃时，α 相的回复已经十分明显，由于板条合并，板条形态已经不明显。部分位错排列成墙，发生多边形化，形成等轴状亚晶粒，此时晶内的位错密度进一步下降。板条移动形成等轴状亚结构后，其内部位错密度比较低，可以钝化裂纹尖端，阻碍裂纹传播，提高冲击功。回火温度升高到 640℃时，α 相开始发生再结晶，形成多边形的铁素体，其内部也比较“干净”，说明位错密度已经非常低。图 4-5（d）中还可以观察到渗碳体已经明显粗化，不再能有效钉扎住剩余的板条界面，因此这些界面移动合并成等轴晶粒。

640℃回火时，冲击韧性反而小幅下降，这主要是由于高温时组织粗化以及渗碳体尺寸增加造成的。渗碳体为正交点阵结构，硬而脆，在应力作用下，基体首先发生塑性变形，而渗碳体较硬难以变形，这样就在渗碳体处产生了应力集中，当应力超过界面的结合力时，就在相界处产生了微裂纹[47~49]。根据 Griffith 裂纹理论，渗碳体的临界应力 σ_c 为：

$$\sigma_c = \left(\frac{2E\gamma}{\alpha a}\right)^{\frac{1}{2}} \tag{4-3}$$

式中 E——Young's 模量；

a——裂纹尺寸，即渗碳体尺寸；

γ——表面能；

α——常数，与裂纹形状有关。

式（4-3）表明渗碳体尺寸增加会导致 σ_c 下降，从而使裂纹更容易形核。

高温回火时，马氏体中析出渗碳体，α 相中过饱和的 C 含量不断降低使得固溶强化作用减弱；α 相发生回复再结晶，位错强化效果减弱；虽然渗碳体的析出对提高强度略有贡献，但其作用小于固溶强化和位错强化效果的降低，因此强度不断下降。此后随回火温度升高，碳化物不断粗化，析出强化效果减弱，实验钢的强度进一步降低。因此综合考虑强度和韧性的因素，不宜将回火温度设定过高，根据以上分析，3.5%Ni 钢的回火温度设定为 610℃时，具有较好的强韧性搭配，能够满足 3.5%Ni 钢的性能要求。

4.2.2.3 回火时间对组织性能的影响

经 830℃淬火、610℃回火不同时间后 3.5%Ni 钢的力学性能如图 4-6 所示。可以看到，回火时间从 20min 增加到 40min 时，实验钢冲击功显著增加；回火时间为 60min 时，实验钢冲击功达到峰值；继续增加回火时间，实验钢冲击功开始降低。随回火时间增加，伸长率一直增加，强度则不断下降。

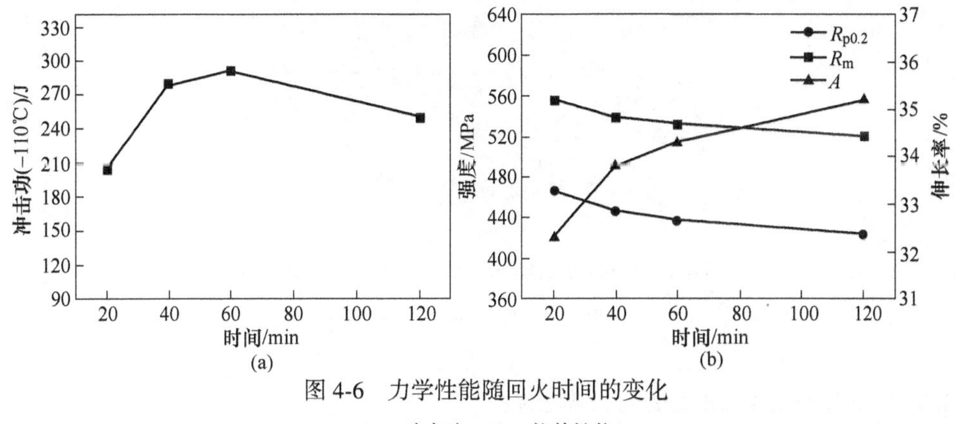

图 4-6　力学性能随回火时间的变化

（a）冲击功；（b）拉伸性能

图 4-7 示出了不同回火时间试样的显微组织。可以看出，当回火时间为 20min 时，板条间弥散分布着大量细小的渗碳体。渗碳体呈现两种形态，一种为片状渗碳体，另一种为细小球状。随着回火时间的增加，α 相发生明显回复，相邻板条合并形成宽板条，使得部分板条界面消失；渗碳体的尺寸增加，片状渗碳体转变为球状。这是因为片状渗碳体各部分的半径不同，使得其各部分溶解度也不同，小半径处溶解使得半径增大，大半径处渗碳体长大使半径减小，最终导致片状渗碳体球化。当回火时间增加到 120min 时，α 相发生再结晶，形成了多边形晶粒，渗碳体也明显长大，粗大的渗碳体会导致 3.5%Ni 钢的冲击韧性下降。

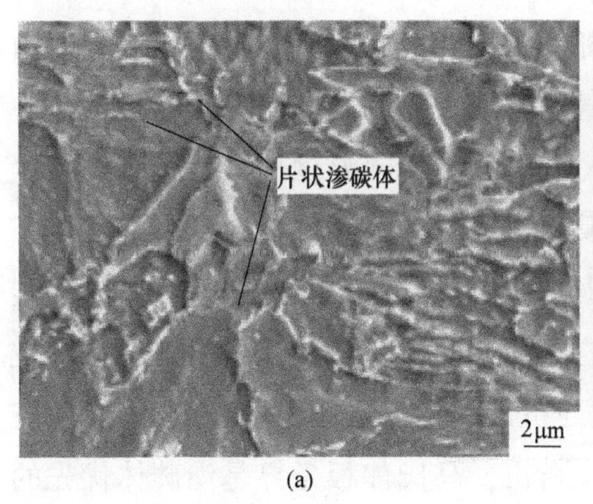

(a)

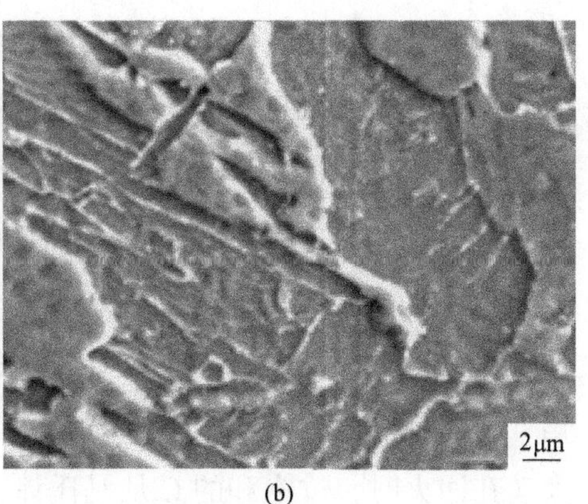

(b)

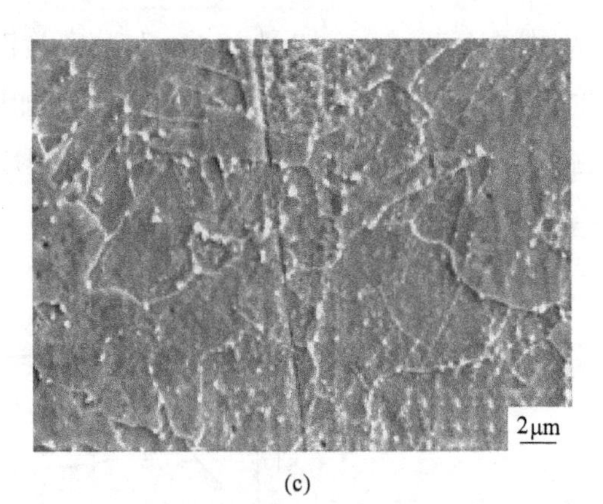

(c)

图4-7 3.5%Ni钢经不同时间回火后的显微组织

(a) 20 min; (b) 60min; (c) 120min

4.2.3 5%Ni钢组织演变与力学性能

采用相变仪测得5%Ni钢的相变临界点A_{c1}与A_{c3}分别为640和753℃。QT热处理工艺参数设定为:

(1) 850℃×60min+580、600、620、640℃×60min;

(2) 850℃×60min+620℃×20、40、60、180min。

4.2.3.1 回火温度对组织性能的影响

图4-8示出了5%Ni钢经过850℃奥氏体化、淬火,再经不同温度回火后的力学性能。可以看到,冲击功随着回火温度升高先增加后下降,伸长率一直增加,而屈服强度和抗拉强度则一直下降。当回火温度高于620℃时,屈服强度降低速度加快。抗拉强度开始下降速度较快,但是当回火温度由620℃升高到640℃时,抗拉强度下降速度变慢。

图4-9示出了实验钢经850℃淬火,然后在不同温度回火后的TEM像。由图可见,经580℃回火后,马氏体板条内部位错密度仍然较高,部分板条界面消失与相邻板条合并形成宽的板条,板条内部和板条界处有大量的渗碳体弥散析出,板条内部析出的为细小的球状渗碳体(A),大多分布在晶内位错处,起到钉扎位错的作用,板条界处析出的渗碳体呈片状(B),尺寸较大。在回火时,过饱和的C从马氏体中析出,马氏体板条界是渗碳体优先的

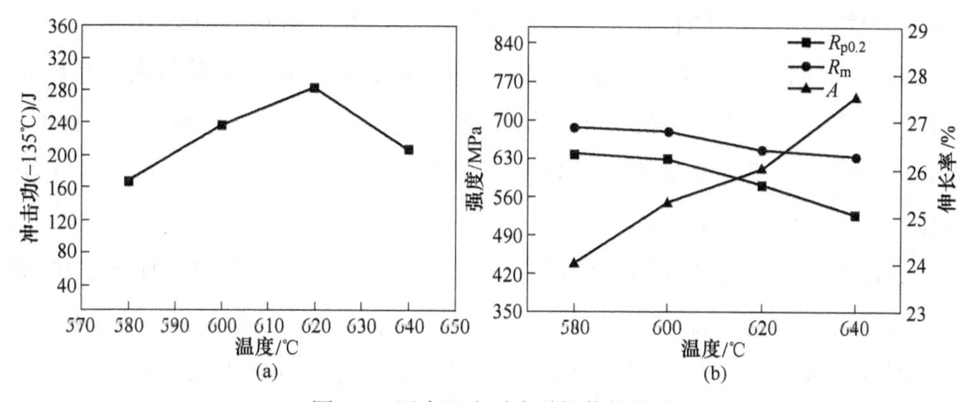

图 4-8 回火温度对力学性能的影响

(a) 冲击功；(b) 拉伸性能

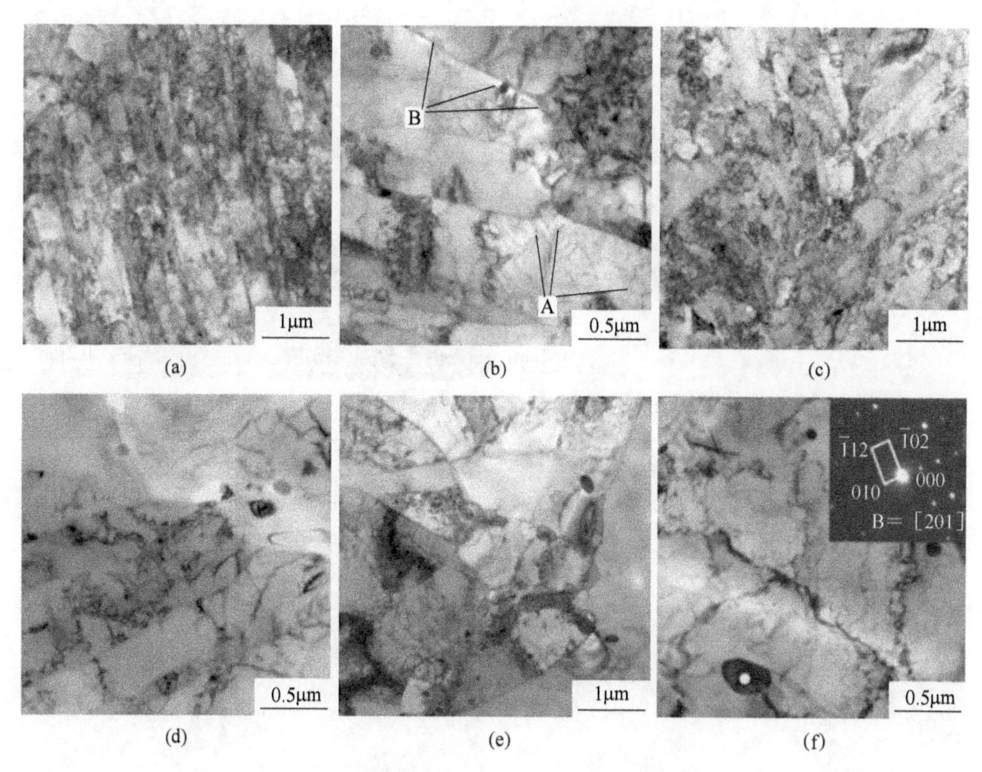

图 4-9 不同温度回火后实验钢的 TEM 形貌

(a)，(b) 580℃；(c)，(d) 620℃；(e)，(f) 640℃

析出位置，且晶界处 C 原子扩散速率远高于晶内的体扩散和位错扩散，使得渗碳体更容易接受 C 原子而长大，因此晶界处的渗碳体尺寸较大。当回火温度升高到 620℃时，α 相的回复已经非常明显，板条边界变得模糊不清，板条内部的位错密度明显降低，剩余位错发生多边形化，形成等轴状亚晶粒。当回火温度升高到640℃时，α 相开始发生再结晶，使得 α 相晶粒长大，马氏体板条形态消失，形成了等轴的再结晶晶粒，晶内位错密度进一步降低，此时，渗碳体析出的数量明显减少，但是尺寸明显增大。图 4-9（f）中选区电子衍射显示大尺寸的析出物为渗碳体。

采用 TEM 对逆转奥氏体的形态和分布进行了进一步的观察，如图 4-10 所示。可以看到，回火温度为 620℃ 时，逆转奥氏体在原奥氏体晶界处析出。回火温度为 640℃时，逆转奥氏体在板条束界析出，与 620℃ 试样相比，逆转奥氏体的尺寸明显增加。图 4-10（d）显示逆转奥氏体和马氏体满足 N-W 位

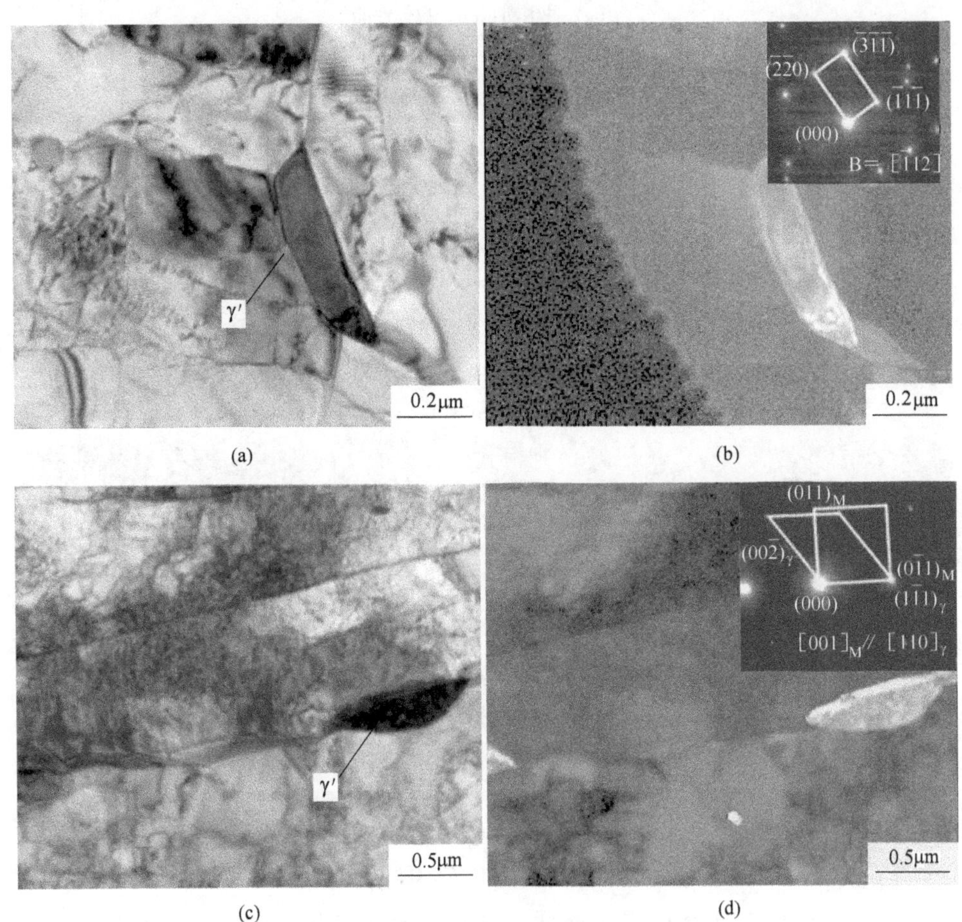

图 4-10 不同回火试样组织中逆转奥氏体形貌

(a)，(b) 620℃；(c)，(d) 640℃

向关系，即 $[001]_{M}//[110]_{\gamma}$。XRD 结果显示回火温度为 580℃时，组织中没有检测到逆转奥氏体；当回火温度为 620℃时，逆转奥氏体的体积分数为 1.9%；回火温度升高到 640℃时，逆转奥氏体体积分数增加到 3.5%。这是因为回火温度升高使得相变驱动力增大，形核功减小；另一方面原子的扩散系数随回火温度的升高而增加，C、Mn、Ni 等奥氏体稳定元素更容易偏聚到逆转奥氏体中，因而促进了逆转奥氏体的长大。

5%Ni 钢在回火过程中的强化因素主要为细小弥散的渗碳体产生的析出强化，软化因素主要为渗碳体的析出导致的固溶强化效果减弱、位错密度的降低导致的位错强化效果减弱以及渗碳体随回火温度的升高而粗化导致的析出强化效果减弱。5%Ni 钢的强度表现为固溶强化、位错强化和析出强化效果的综合作用。因为软化因素的效果大于强化因素，所以强度随回火温度的升高而降低。当回火温度升高到 620℃时，组织中开始有少量逆转奥氏体生成，逆转奥氏体会吸收周围基体中的 C、Mn 及 Ni 等合金元素，使得基体中的合金元素含量和渗碳体的析出量减少，从而使基体的固溶强化和析出强化效果进一步减弱，因此屈服强度的下降速度加快。逆转奥氏体是力学不稳定的，在拉伸过程中会重新转变为马氏体，产生相变强化，因而使钢的抗拉强度提高[41,50]，因此回火温度为 620℃和 640℃时，实验钢的屈强比较低。

回火马氏体中析出的逆转奥氏体能够有效提高钢的低温韧性[51~54]。由于逆转奥氏体的含量随回火温度的增加而增加，因此当回火温度在 580~620℃之间时，冲击韧性随回火温度的增加而增加。但是当回火温度升高到 640℃时，冲击功反而降低，这是因为在 640℃时，组织中有较大尺寸的渗碳体析出，粗化的渗碳体处容易产生应力集中，使得微裂纹在渗碳体与基体相界面处形成，降低了裂纹形核功，从而恶化钢板的冲击韧性；另一方面 640℃时逆转奥氏体的热稳定性较差，XRD 结果显示在 -135℃保温 10min 后 640℃回火试样的逆转奥氏体的体积分数为 2.6%，这表明 640℃回火试样中大约有 33%的逆转奥氏体重新转变为马氏体。Gao 等[55]认为这种较硬的淬火马氏体不能有效地适应周围基体的塑性形变，从而促进了裂纹的形成，导致裂纹形核功降低；此外，由于逆转奥氏体主要在原奥氏体晶界和板条束界等大角度晶界处析出，这种转变的马氏体还会弱化大角度晶界对裂纹扩展的抵抗力，使得裂纹扩展功下降。

4.2.3.2 回火时间对组织性能的影响

不同时间条件下实验钢的力学性能如图 4-11 所示。可以看到，随着回火时间增加，冲击功先增加后下降，在 60min 取得最大值，伸长率持续增加，而抗拉强度和屈服强度则不断降低。

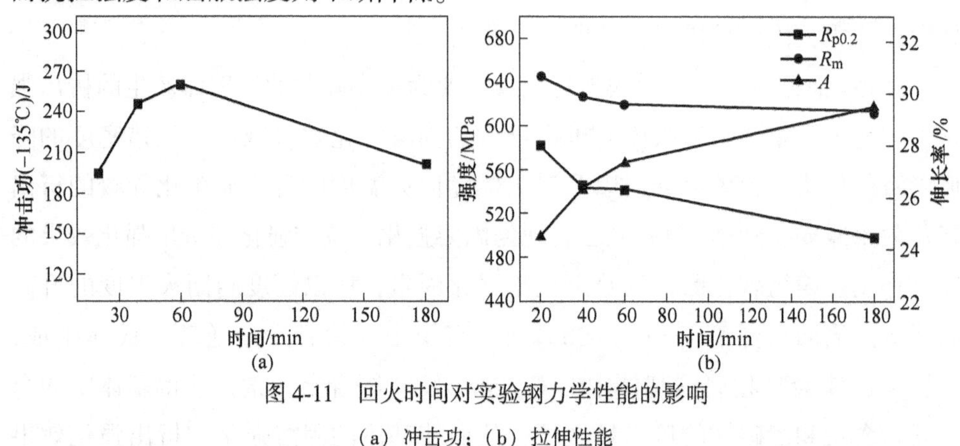

图 4-11 回火时间对实验钢力学性能的影响

（a）冲击功；（b）拉伸性能

图 4-12 示出了不同回火时间下试样的 SEM 像。从图中可以看到，回火时间为 20min 时，组织还部分保留着淬火马氏体的板条形状，在基体上有大量的渗碳体析出，渗碳体主要呈片状，不均匀分布在马氏体板条边界，呈一定位向分布。随着回火时间的增加，板条边界越来越模糊，渗碳体逐渐转变为球状，在基体上弥散分布。回火时间为 180min 时，铁素体内部的渗碳体明显粗化，对晶界的钉扎作用减弱，因此剩余界面会重组成等轴的晶粒，从而降低界面能。

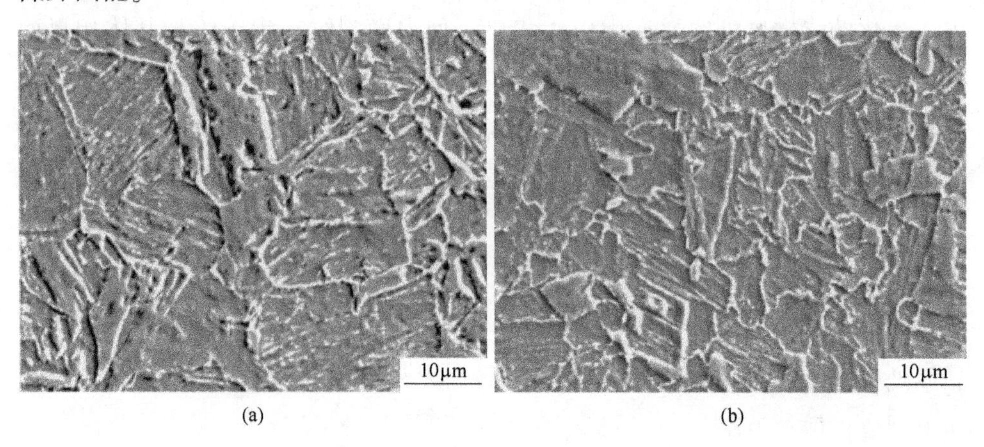

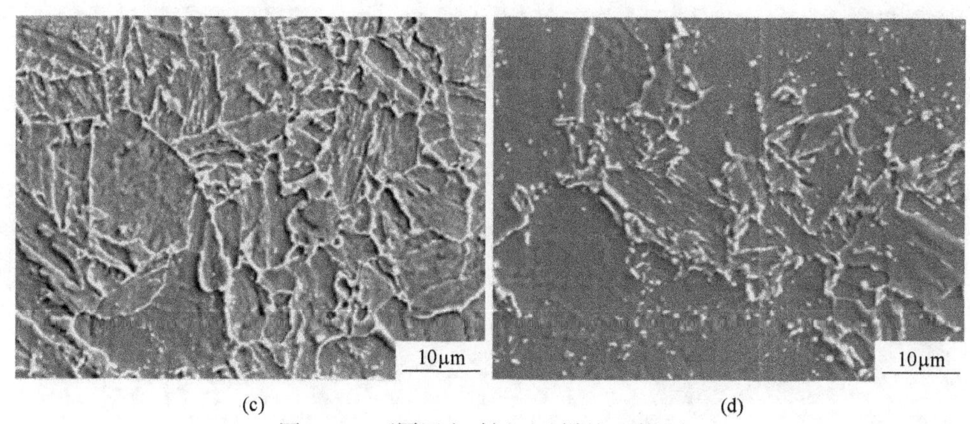

(c) (d)

图 4-12 不同回火时间下试样的显微组织

(a) 20min; (b) 40min; (c) 60min; (d) 180min

淬火得到的板条马氏体中存在大量的位错，在回火过程中 α 相将发生回复。在较高温度下 α 相中的位错有足够的热激活能来进行滑移和攀移，异号位错相互作用而消失导致位错密度下降，部分板条界面消失，使得马氏体板条变宽。随着回火时间的增加，α 相回复程度增加，开始形成亚晶粒，且亚晶粒随回火时间的延长而逐渐长大，亚晶界的移动可以形成大角度晶界。因此随着马氏体回复的进行，基体的塑性和韧性均增大。但是图 4-11 (a) 显示回火时间增加到 180min 时，韧性反而降低，这主要与渗碳体的粗化有关。式 (4-3) 表明渗碳体尺寸增加会导致裂纹形核所需的形核功降低，从而使得裂纹容易在粗大渗碳体界面处形核，导致韧性降低。

4.2.3.3 回火时间对逆转奥氏体形成规律的影响

图 4-13 示出了不同回火工艺条件下 5%Ni 钢的 EBSD 像。可以看出，回火时间为 20min 时，5%Ni 钢中没有观察到逆转奥氏体存在。当回火时间为 60min 时，5%Ni 钢中开始有少量的逆转奥氏体析出。随着回火时间的增加，5%Ni 钢中的逆转奥氏体体积分数显著增加。

图 4-14 示出了 5%Ni 钢不同回火时间试样的 EPMA 线扫描结果，图中左边的二次电子像给出了线扫描区域的组织形貌，其中箭头代表线扫描位置，而右边给出了 C、Mn、Ni 元素的线扫描结果。可以看出，回火 20min 后 C 元素发生了明显的重新配分，而 Mn 和 Ni 元素分布均匀，这表明晶界处的析出

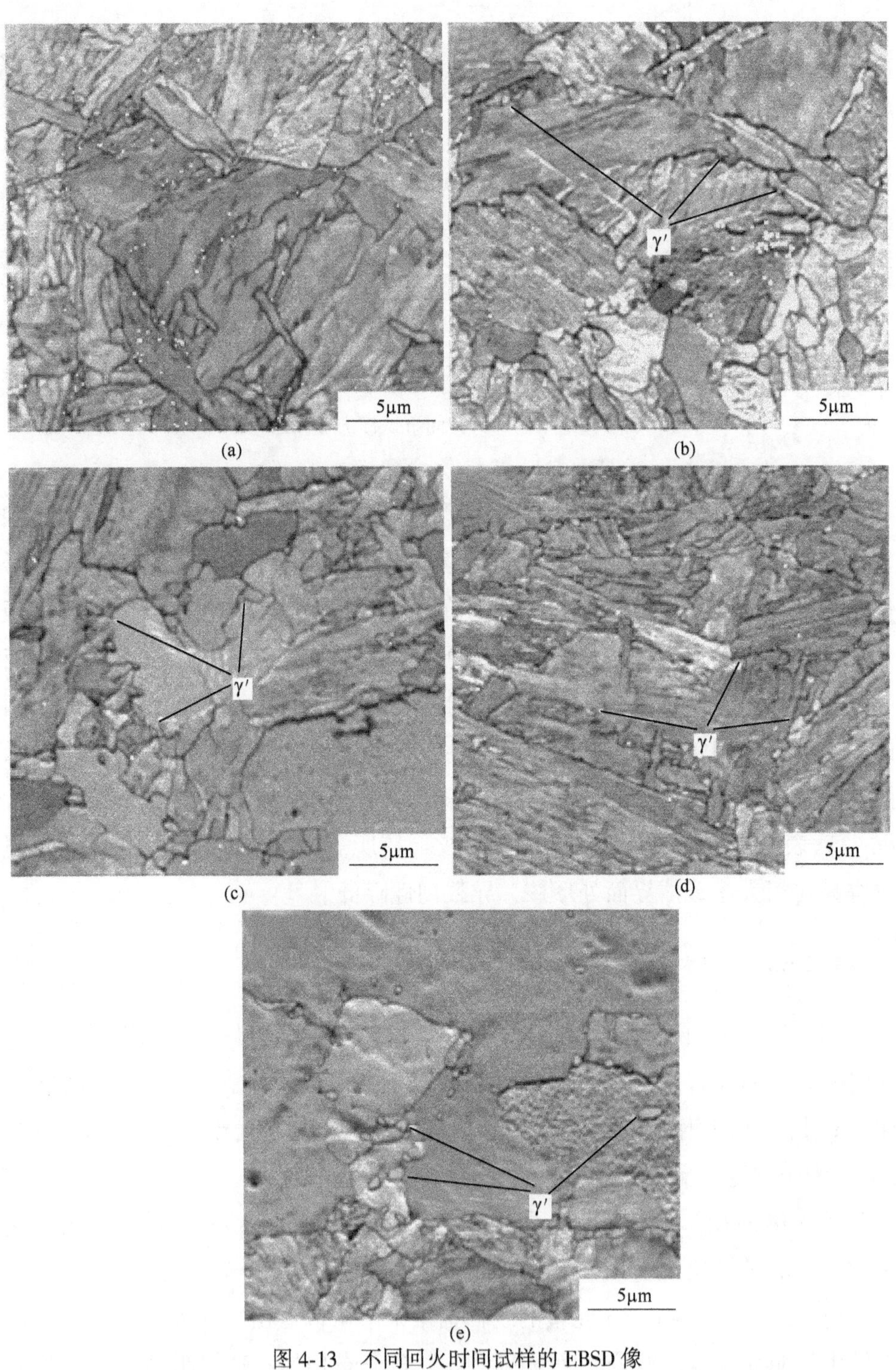

图 4-13 不同回火时间试样的 EBSD 像

(a) 20min；(b) 60min；(c) 120min；(d) 180min；(e) 260min

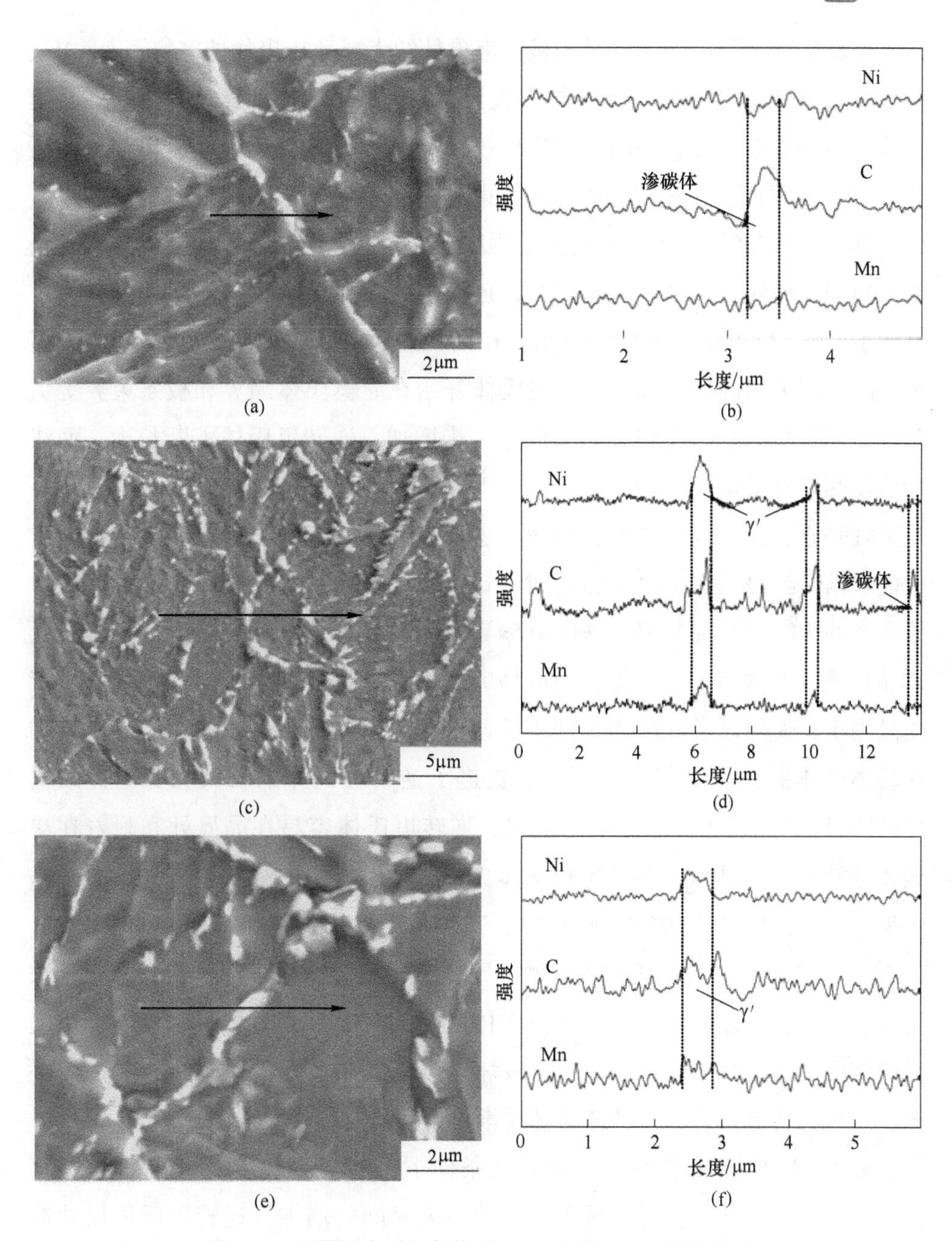

图 4-14 不同回火时间条件下 5%Ni 钢的 EPMA 测量结果

(a)，(b) 20min；(c)，(d) 60min；(e)，(f) 180min

物为渗碳体，由图 4-13 可知在回火时间为 20min 时，逆转奥氏体没有析出。当回火时间增加到 60min 时，逆转奥氏体开始形成，且 C、Mn、Ni 元素均进行了重新配分，原奥氏体晶界和板条束界处的大尺寸析出物处富集了 C、Mn、Ni 元素，由于 Mn 和 Ni 是奥氏体形成元素，因而可以推断此析出物为逆转奥氏体，而板条束内部较小的析出物处仅富集了 C 元素，说明此析出物为渗碳体。当回火时间为 180min 时，板条束晶界处有逆转奥氏体存在，但是 C、Mn、Ni 元素在逆转奥氏体中的富集程度下降，这是因为钢中的合金元素含量是一定的，逆转奥氏体含量的增加，必然导致其中合金元素的含量降低。

由图 4-13 和图 4-14 可以看出，在回火过程中，渗碳体首先在基体中析出，随着回火时间的增加，逆转奥氏体开始在原奥氏体晶界和板条束界等大角度晶界处析出。随着回火时间的进一步增加，逆转奥氏体不断长大，而渗碳体则逐渐溶解消失。固态相变的相变阻力较大，因此晶界、相界、位错等缺陷处是新相晶核优先的形核位置。这一方面是因为缺陷处晶格畸变大，自由能较高，当晶核在缺陷处形成时，缺陷能将贡献给形核功；另一方面溶质原子在回火时容易在晶界等缺陷处偏聚，使得晶界处容易满足形成逆转奥氏体晶核成分上的需求。晶界处的晶格畸变大，能量较高，所以其扩散激活能比晶内小，使得原子在晶界处的扩散速率比晶内快的多，因而在晶界析出的逆转奥氏体更容易富集合金元素，促进了逆转奥氏体的长大和稳定性的提高[56]。姜雯[57]认为回火温度较低时，逆转奥氏体容易在晶界处和附着在渗碳体处析出，这是因为渗碳体和基体界面处，C 原子的浓度差别较大，容易获得形成奥氏体晶核所需的 C 浓度，逆转奥氏体形成后，基体中的 C、Mn、Ni 等元素开始向逆转奥氏体中扩散，同时逆转奥氏体附近基体的合金元素浓度将会降低，导致逆转奥氏体和渗碳体之间的 α 相将出现浓度梯度，在浓度梯度作用下，C 原子将发生扩散，破坏了渗碳体和基体相界面处的 C 浓度平衡，导致逆转奥氏体附近的渗碳体逐渐溶解消失。

采用 EBSD 统计了不同回火时间条件下逆转奥氏体的尺寸（等效圆直径），如图 4-15 所示。可以看到，随着回火时间的增加，逆转奥氏体尺寸增加的速度变慢，这表明逆转奥氏体的长大是受扩散控制的。

4.2.4 7%Ni 钢组织演变与力学性能

采用相变仪测得 7%Ni 钢的相变临界点 A_{c1} 与 A_{c3} 分别为 602℃和 719℃。

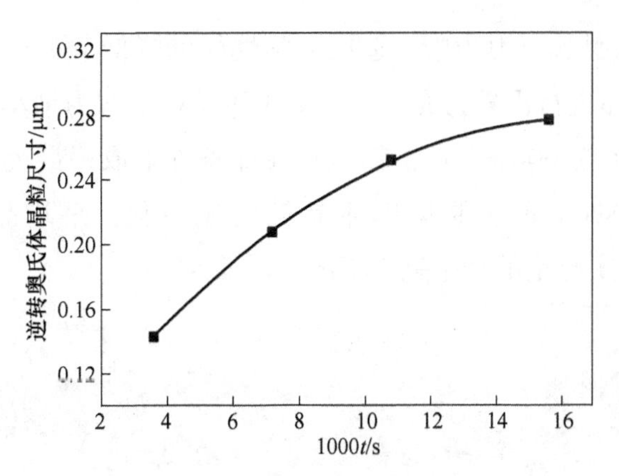

图 4-15 逆转奥氏体晶粒尺寸随时间的变化关系

QT 热处理工艺参数为：

（1）760、800、870℃×40min+600℃×40min；

（2）800℃×40min+580、600、630℃×60min。

4.2.4.1 奥氏体化温度对组织性能的影响

不同奥氏体化温度条件下 7%Ni 钢的力学性能如图 4-16 所示。可以观察到，随着奥氏体化温度升高，钢板冲击功和伸长率先增加后减小，在 800℃取得最大值。强度随奥氏体化温度的升高而减小，但是变化不大。

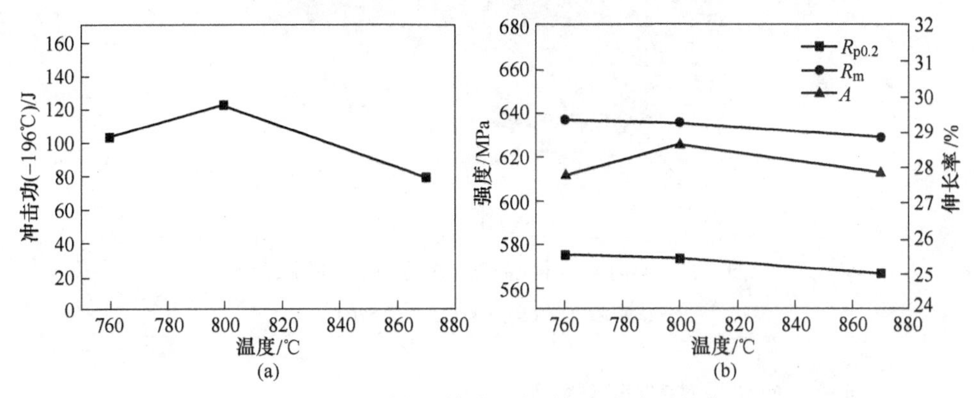

图 4-16 不同奥氏体化温度时钢板的力学性能

（a）冲击功；（b）拉伸性能

图 4-17 示出了实验钢 760～870℃保温淬火试样的原奥氏体晶粒。可以看出，奥氏体化温度为 760℃时，奥氏体化还不均匀，轧态带状组织还未完全消失，在大晶粒周围有大量再结晶小晶粒存在，由于组织分布不均匀，在变

形时容易在局部引起应力集中，造成力学性能的降低。奥氏体化温度升高到800℃时，再结晶进行得较为充分，原奥氏体晶粒基本为细小的等轴晶，此时平均晶粒尺寸为17.60μm，冲击韧性也在此条件下取得最大值。奥氏体化温度继续升高至870℃时，原奥氏体晶粒明显粗化，平均晶粒尺寸增加为22.55μm，使得实验钢的冲击韧性下降。

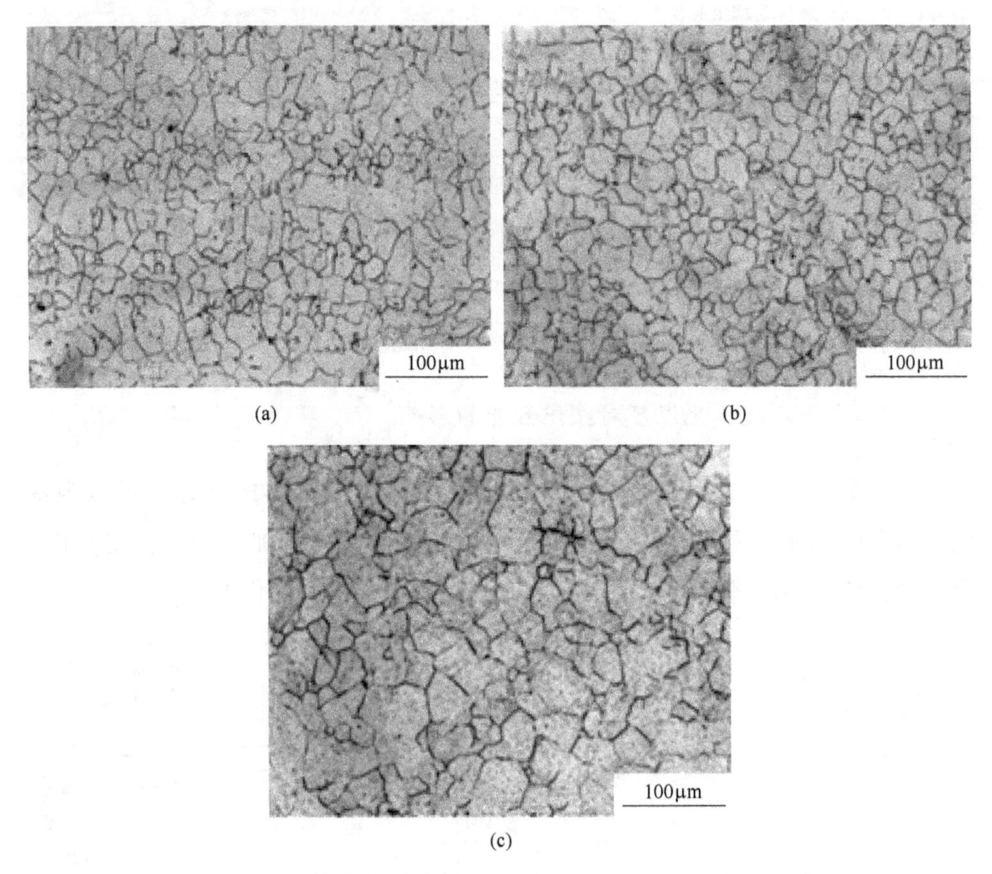

(a) (b) (c)

图 4-17 不同奥氏体化温度下的原奥氏体晶粒组织

(a) 760℃；(b) 800℃；(c) 870℃

4.2.4.2 回火温度对组织性能的影响

图 4-18 示出了经过 800℃ 奥氏体化、淬火后在不同温度回火 60min 钢板的力学性能。可以看出，在 580℃ 回火时，实验钢的强度最高，但是-196℃冲击功仅为 70J 左右；回火温度升高到 600℃时，强度显著下降，而低温冲击功则增加到 138J；继续提高回火温度，强度和冲击功均开始下降。伸长率随

回火温度的升高一直增加。

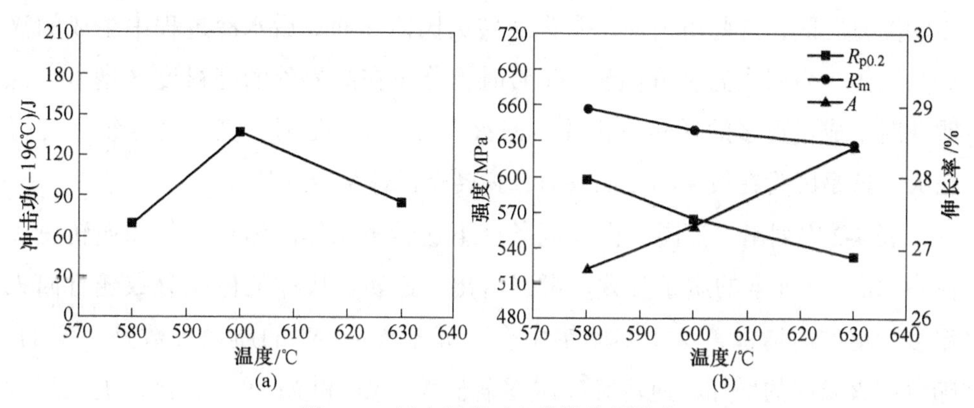

图 4-18 回火温度对力学性能的影响

（a）冲击功；（b）拉伸性能

经不同温度回火后试样的 SEM 组织如图 4-19 所示。可以看出，在 580℃

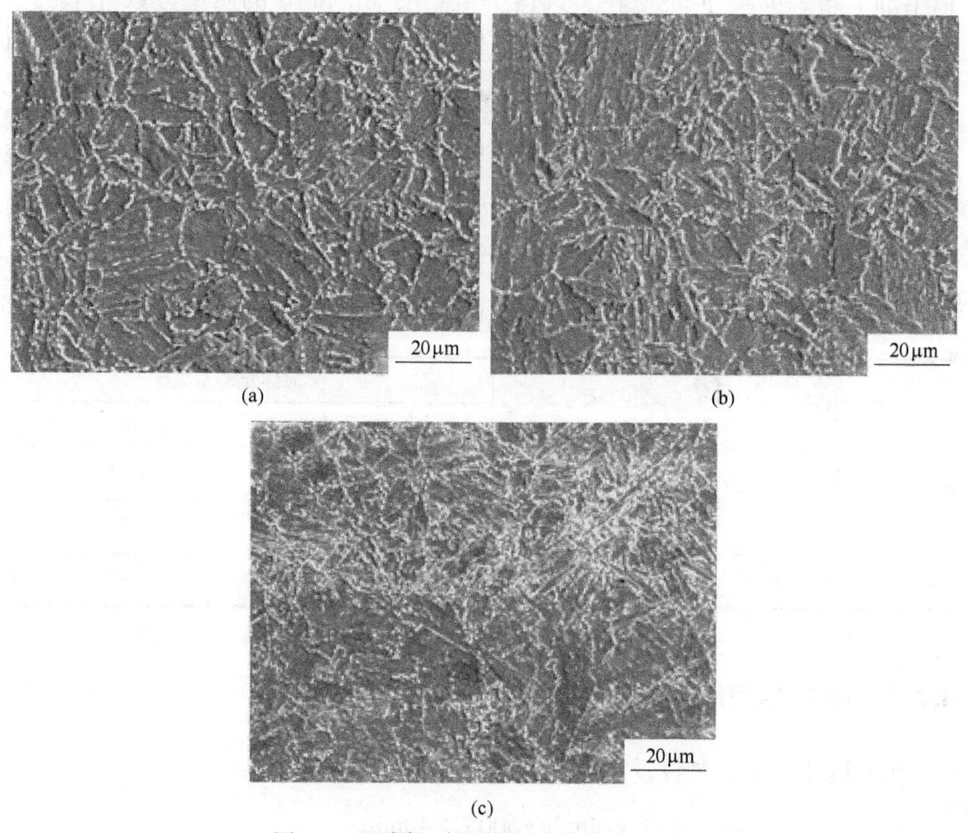

图 4-19 不同回火温度下试样的显微组织

（a）580℃；（b）600℃；（c）630℃

回火时，α 相发生回复，板条界变得模糊，板条变宽，同时基体上出现了较多的亮衬度区，这些析出物主要为逆转奥氏体和回火后水冷过程中生成的淬火马氏体。当回火温度升高到 600℃ 时，分布在晶界处的亮衬度区增多，说明此时生成了更多的逆转奥氏体。回火温度为 630℃ 时，亮衬度区组织变得粗大，这是因为在较高温度回火时，逆转奥氏体更容易长大。

表 4-2 中列出了不同回火温度条件下逆转奥氏体的体积分数和逆转奥氏体中 Mn、Ni 元素的质量分数。可以看出，逆转奥氏体的体积分数随着回火温度的增加而增加，由于实验钢中合金元素 Mn、Ni 的质量分数是一定的，随着回火温度的增加，逆转奥氏体逐渐长大，Mn 和 Ni 元素需要在更大尺寸的逆转奥氏体中重新分配，因而逆转奥氏体中 Mn 和 Ni 元素的质量分数随回火温度的升高而减少。回火温度由 580℃ 升高到 600℃ 时，逆转奥氏体体积分数增加了约 2.4%，但是逆转奥氏体中富集的 Mn 和 Ni 的质量分数并未明显降低，这是由于随着回火温度的增加，合金元素的扩散系数迅速增大，使得 Mn 和 Ni 原子更容易从基体中向逆转奥氏体中扩散。逆转奥氏体中合金元素的富集量减少将导致 630℃ 回火试样中逆转奥氏体的稳定性下降。XRD 结果表明 630℃ 回火试样经液氮浸泡 10min 后，逆转奥氏体的体积分数为 5.31%，即大约有 18% 的逆转奥氏体发生了马氏体相变，从而造成冲击韧性恶化。

表 4-2　不同回火温度条件下逆转奥氏体的体积分数及质量分数

回火温度/℃	$V_{\gamma'}$/%	质量分数/%	
		Mn	Ni
580	1.97	1.76	9.92
600	4.41	1.69	9.96
630	6.49	1.05	8.87

4.2.5　9%Ni 钢组织演变与力学性能

QT 热处理工艺参数设定为：

（1）750、800、850℃×60min+600℃×40min；

（2）800℃×60min+570、590、620℃×60min。

4.2.5.1 奥氏体化温度对组织性能的影响

不同奥氏体化温度条件下 9%Ni 钢的力学性能如图 4-20 所示。可以看出，随着奥氏体化温度升高，钢板的冲击功和伸长率先增加后减小，800℃时取得最大值。强度在实验温度范围内变化不大。

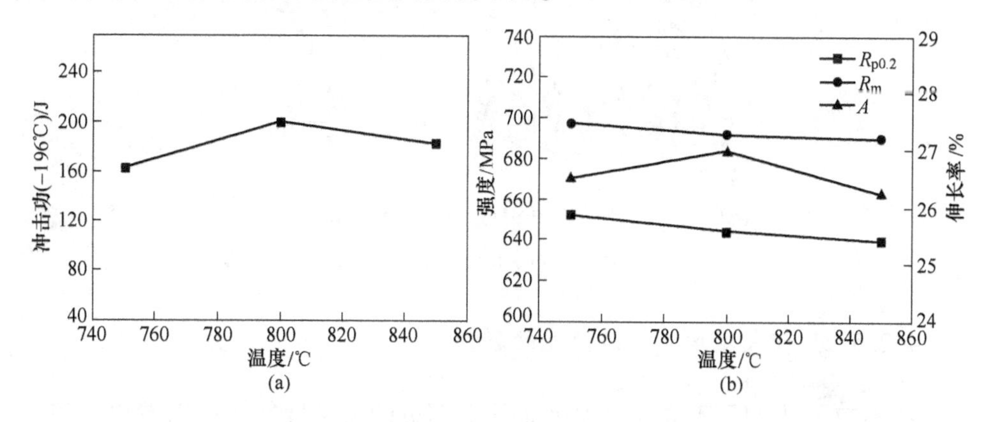

图 4-20 不同奥氏体化温度钢板的力学性能

（a）冲击功；（b）拉伸性能

图 4-21 示出了 9%Ni 钢 750～850℃保温淬火试样的原奥氏体晶粒。可以看出奥氏体化温度为 750℃时，原奥氏体晶粒大小分布不均，存在着大晶粒围绕小晶粒的现象。当奥氏体化温度为 800℃时，原奥氏体晶粒基本为细小的等轴晶且分布均匀，平均晶粒尺寸为 17.06μm。奥氏体化温度增加至 850℃时，原奥氏体晶粒尺寸增加至 18.39μm，原奥氏体晶粒的粗化导致 850℃条件下 9%Ni 钢板的强韧性降低。

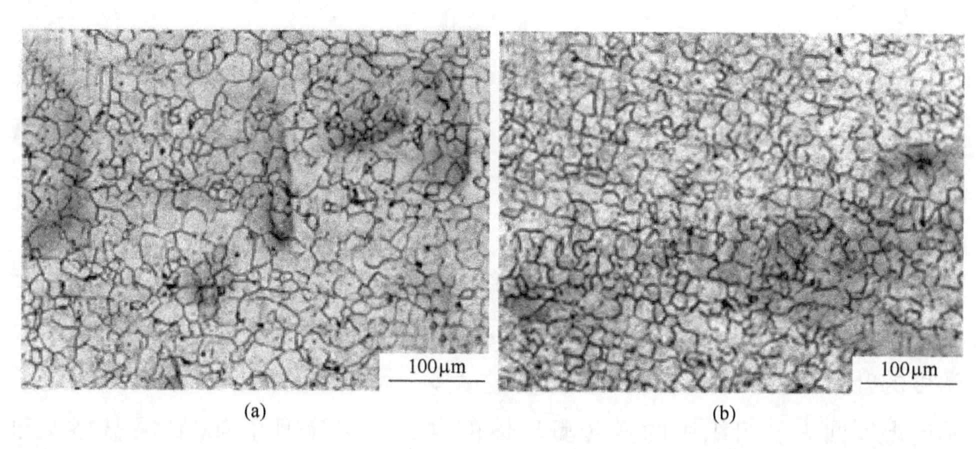

(a) (b)

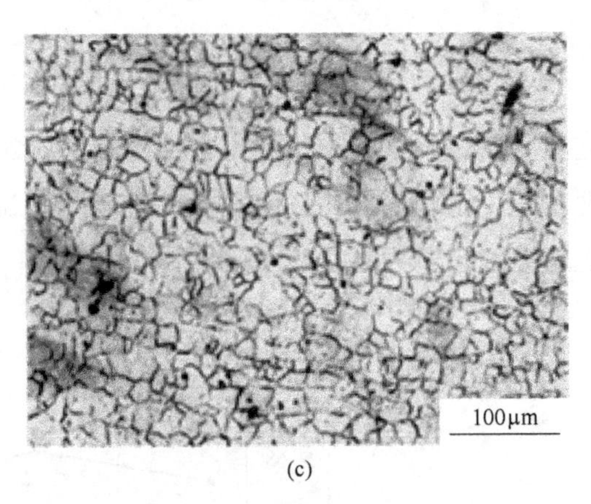

(c)

图 4-21 不同奥氏体化温度下的原奥氏体晶粒组织

(a) 750℃；(b) 800℃；(c) 850℃

4.2.5.2 回火温度对组织性能的影响

图 4-22 示出的是不同回火温度条件下钢板的力学性能。可以看出，随着回火温度的升高，冲击韧性在 590℃ 达到最大值后开始降低，而伸长率一直增加。屈服强度和抗拉强度随温度升高持续降低。

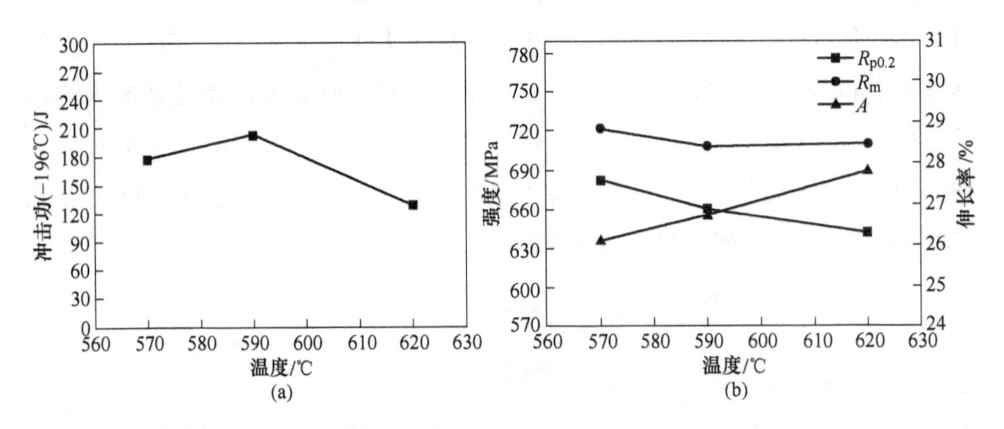

图 4-22 回火温度对力学性能的影响

(a) 冲击功；(b) 拉伸性能

经不同温度回火后试样的 SEM 组织如图 4-23 所示。可以看出，不同回火温度条件下，9%Ni 钢的组织均为回火马氏体和少量的逆转奥氏体。随着回火温度的升高，组织中逆转奥氏体的含量增多，尺寸也变大。采用 XRD 测定了不同温度回火后组织中的逆转奥氏体的含量。实验钢经 800℃ 保温淬火和

570℃、590℃和620℃回火后，逆转奥氏体的体积分数分别为3.6%、5.3%和8.7%，逆转奥氏体含量随着回火温度的增加而增加。在液氮中保温10min后，590℃和620℃回火试样中逆转奥氏体含量分别为5.1%和6.9%，可见590℃回火试样中逆转奥氏体热稳定性较高，而620℃回火试样中逆转奥氏体稳定性较差，在低温时约有21%的逆转奥氏体重新转变为淬火马氏体，造成冲击韧性恶化。

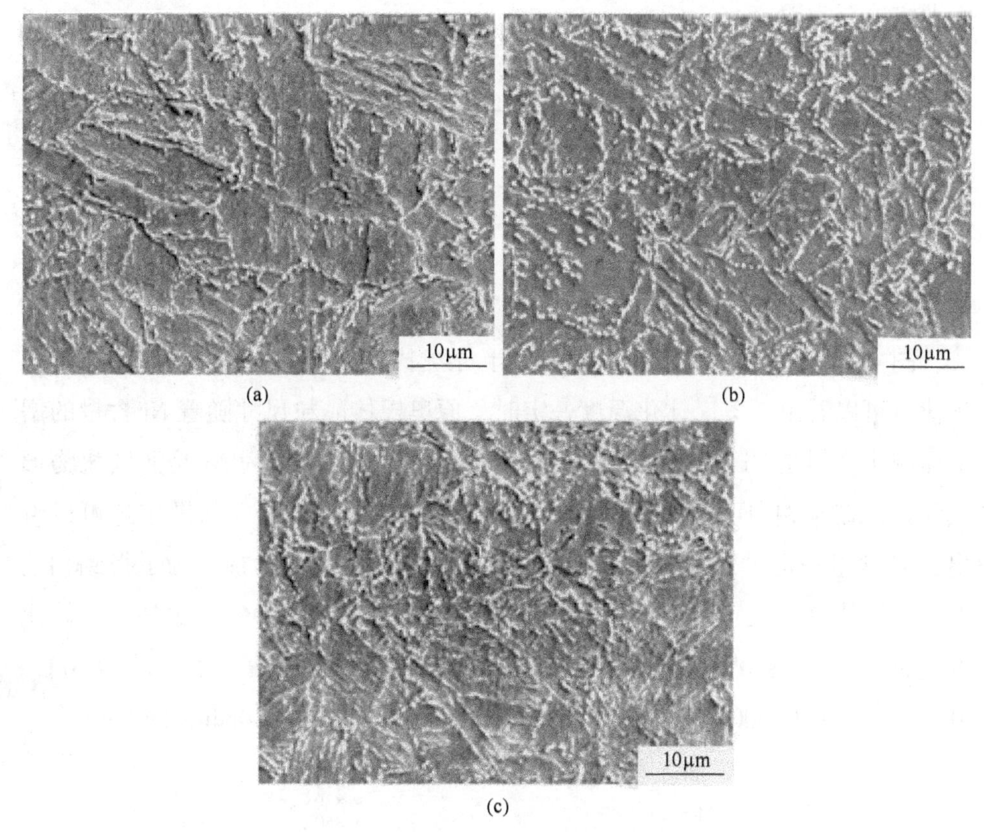

(a) (b) (c)

图4-23 不同回火温度下试样的显微组织
(a) 570℃；(b) 590℃；(c) 620℃

4.3 Ni 含量对 Ni 系低温钢强韧化的影响机理

由于4.2节中5%Ni钢为钢厂提供的20mm厚钢板，与其他Ni含量钢板的厚度和热轧工艺均不同，会对热处理后钢板的组织和性能产生影响，因此本节中对四种Ni系低温钢采用相同工艺进行了热轧。实验材料化学成分如表

4-3 所示，可以看到除 Ni 以外的其他合金成分大致相同。实验钢在 40kg 真空感应炉熔炼并浇注为铸锭，将铸锭加热至 1200℃保温 2h 后，在轧机上进行开坯轧制成截面为 80mm×100mm（宽×厚）的钢坯。将钢坯重新加热至 1200℃并保温 2h 进行充分奥氏体化后，采用两阶段轧制工艺将铸坯轧制为 15mm 厚的热轧板。再结晶区轧制温度在 1050 ~1150℃之间，压下率为 65%，未再结晶区开轧温度约为 860℃，待温厚度为 35mm，终轧温度约为 820℃，终轧后立即空冷至室温。

表 4-3 Ni 系低温钢的化学成分（质量分数,%）

实验钢	C	Mn	Si	Ni
3. 5%Ni	0. 058	0. 73	0. 23	3. 42
5%Ni	0. 057	0. 71	0. 21	5. 07
7%Ni	0. 062	0. 72	0. 17	7. 11
9%Ni	0. 055	0. 71	0. 20	8. 93

图 4-24 示出了不同奥氏体化温度下原奥氏体晶粒尺寸随 Ni 含量的变化规律。可以看出，奥氏体化温度一定时，原奥氏体晶粒尺寸随着 Ni 含量的增加而减小，但是 Ni 对晶粒的细化作用很小，这主要是因为 Ni 是非碳化物形成元素，在 γ 相中可以无限固溶，对晶界迁移的阻力较小。从图中还可以看出，Ni 含量一定时，晶粒尺寸随奥氏体化温度的升高而增加。为了得到相近的原奥氏体晶粒尺寸，3. 5%Ni 钢、5%Ni 钢、7%Ni 钢和 9%Ni 钢的奥氏体化温度分别选择 810℃、810℃、830℃和 830℃，回火温度分别选择 610℃、610℃、600℃和 600℃，奥氏体化时间和回火时间分别为 40min 和 60min。

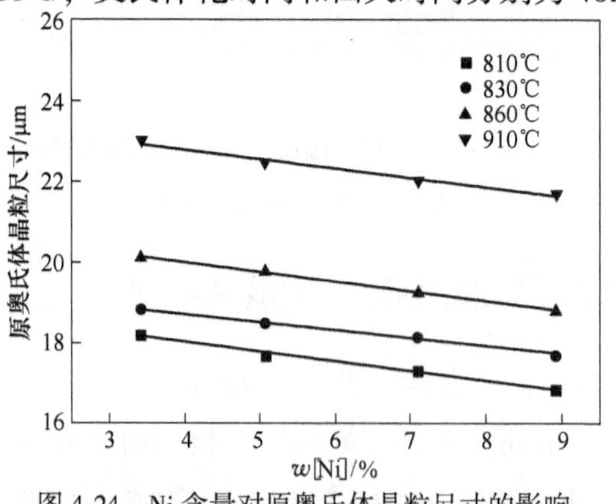

图 4-24 Ni 含量对原奥氏体晶粒尺寸的影响

组织性能的检测方法同 4.2.1 节。为了分析冲击断裂过程中裂纹的形成和扩展情况，用线切割将冲击断口沿垂直于 V 形槽的方向剖开，剖开面经粗磨、抛光并在 4%硝酸酒精溶液中腐蚀后，采用 EMPA 进行组织观察和分析。

4.3.1 Ni 对低温韧性的影响

QT 热处理条件下 Ni 系低温钢的系列冲击功如图 4-25 所示。可以看出，随着测试温度的降低，Ni 含量较低的 3.5%Ni 钢及 5%Ni 钢冲击功迅速下降，冲击测试温度为-196℃时其冲击功分别降至 12J 和 35J；Ni 含量最高的 9%Ni 钢冲击功随着测试温度的降低变化不大，当冲击温度为-196℃时，其冲击功为 198J。

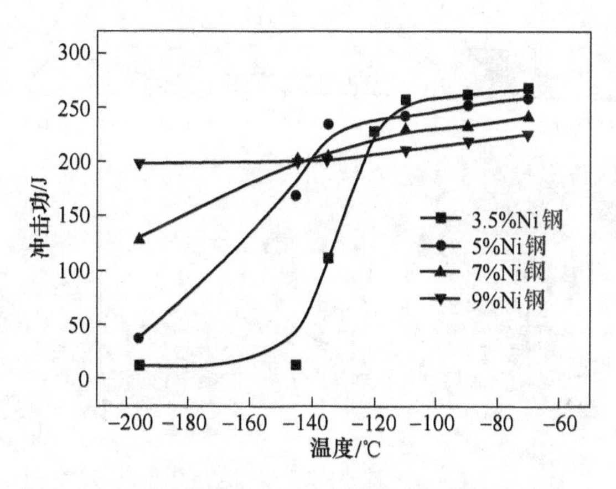

图 4-25 Ni 系低温钢板在不同测试温度下的冲击功

采用韧脆转变曲线上下平台冲击功的算术平均值所对应的温度作为韧脆转变温度，可计算得到 3.5%Ni 及 5%Ni 钢的韧脆转变温度分别为-131 和-156℃，而 7%Ni 钢及 9%Ni 钢在实验温度范围内没有发生脆性断裂，说明其韧脆转变温度低于-196℃。Ni 系低温钢-196℃时的冲击功随 Ni 含量的增加而增加，由此可见 Ni 元素能够改善材料的低温冲击韧性，使得材料的韧脆转变温度降低。

4.3.2 Ni 对显微组织的影响

图 4-26 示出了 Ni 系低温钢回火试样的 SEM 像。可以看出，四种实验钢

经回火后组织均为回火马氏体，并且组织还保留着部分淬火马氏体的板条特征，在板条界及板条内部有大量白色颗粒状析出物分布。根据前面的分析可知在板条界和内部弥散分布的析出物为渗碳体。从图中还可以看到，随着 Ni 含量的增加，渗碳体的数量逐渐减少。在 5%Ni 钢、7%Ni 钢和 9%Ni 钢大角度晶界处分布有少量尺寸较大的析出物，可能为逆转奥氏体。

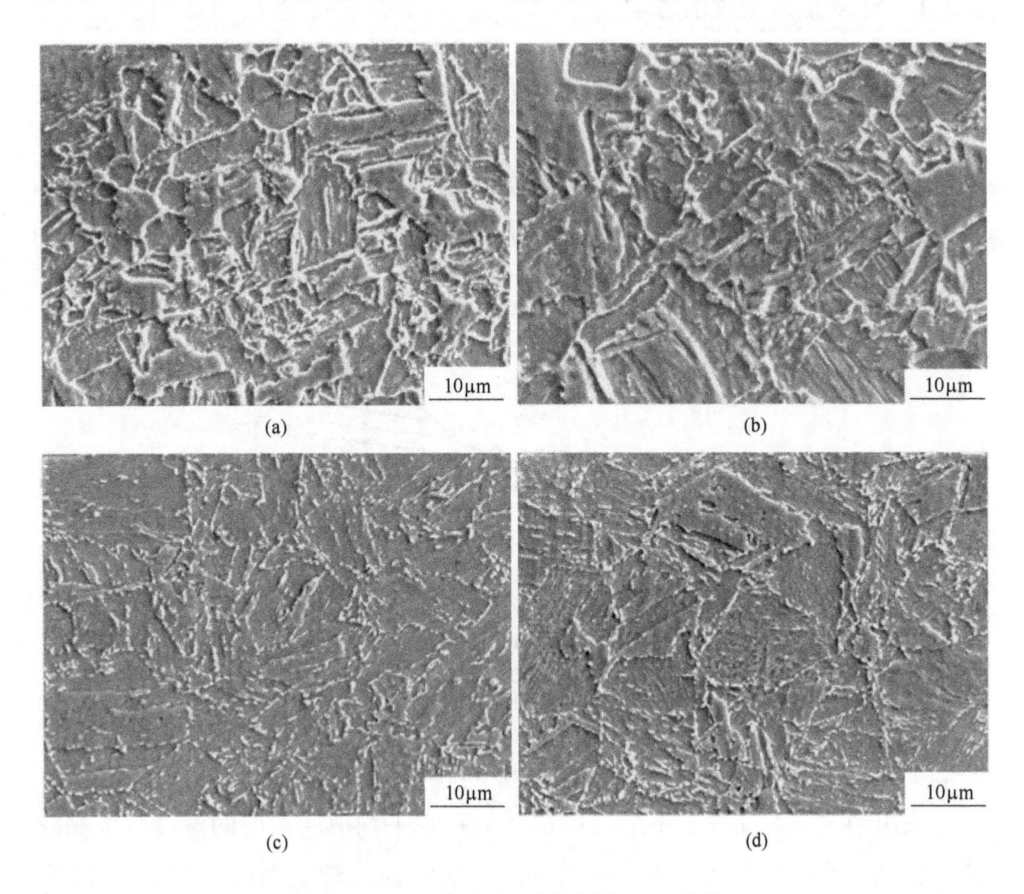

图 4-26 QT 热处理后实验钢的 SEM 形貌

(a) 3.5%Ni 钢；(b) 5%Ni 钢；(c) 7%Ni 钢；(d) 9%Ni 钢

采用 EBSD 对 Ni 系低温钢 QT 工艺条件下的试样进行了分析，扫描步长为 0.1μm，结果如图 4-27 所示，红色区域为逆转奥氏体相。可以看出 3.5% Ni 钢中没有观察到逆转奥氏体的存在，而 5%Ni 钢中可以观察到少量块状逆转奥氏体分布。随着 Ni 含量的增加，逆转奥氏体含量明显增加，但是其形貌和分布没有明显变化。三种实验钢中的逆转奥氏体均大多分布在原奥氏体晶界和马氏体板条束界，呈不规则块状或岛状，而板条束内部基本没有逆转奥氏体组织。

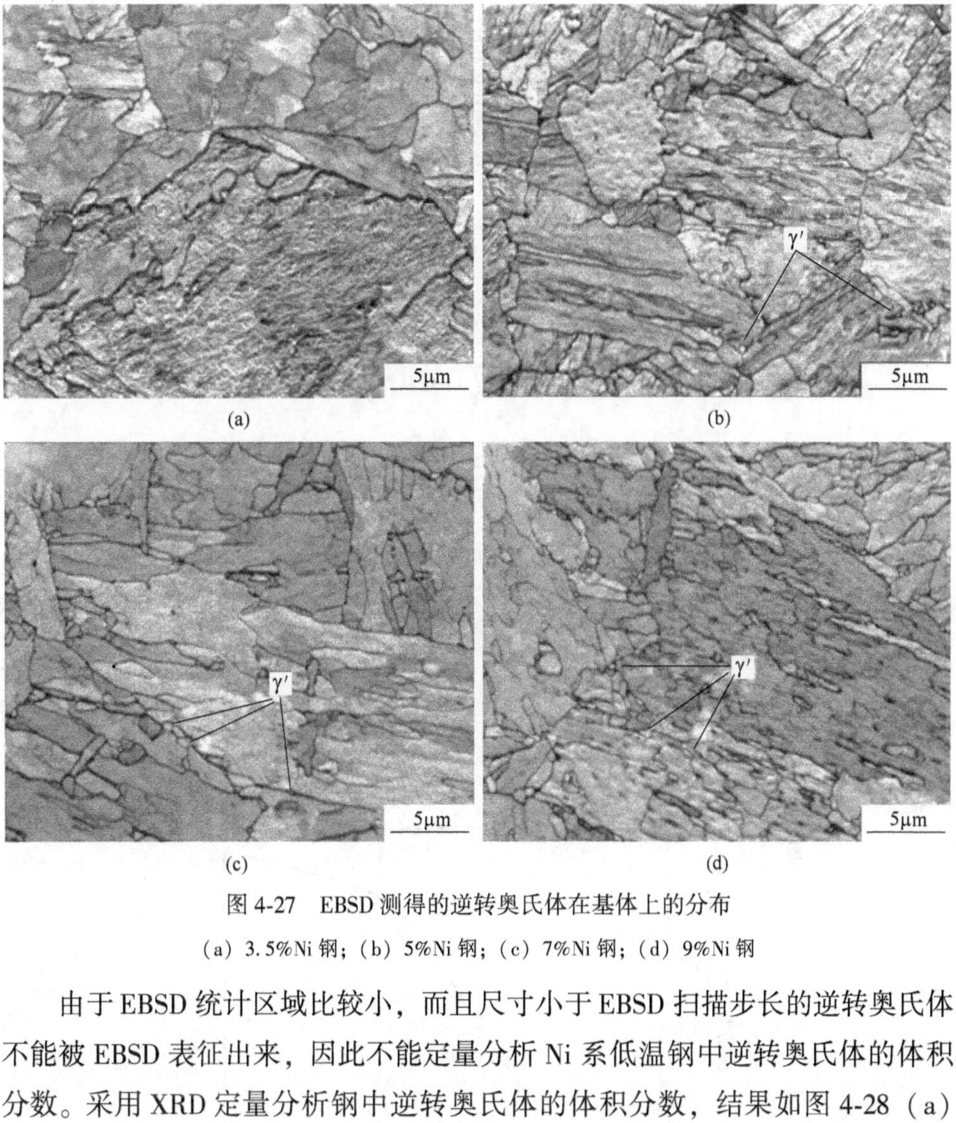

图 4-27 EBSD 测得的逆转奥氏体在基体上的分布

（a）3.5%Ni 钢；（b）5%Ni 钢；（c）7%Ni 钢；（d）9%Ni 钢

由于 EBSD 统计区域比较小，而且尺寸小于 EBSD 扫描步长的逆转奥氏体不能被 EBSD 表征出来，因此不能定量分析 Ni 系低温钢中逆转奥氏体的体积分数。采用 XRD 定量分析钢中逆转奥氏体的体积分数，结果如图 4-28（a）所示，可以看出逆转奥氏体的体积分数随 Ni 含量的增加而增加，且在本实验范围内呈较好的线性关系。图 4-28（b）示出了 EBSD 统计的 Ni 系低温钢中逆转奥氏体的平均晶粒尺寸（等效圆直径），可以看出逆转奥氏体的平均晶粒尺寸随 Ni 含量的增加而增加，可见 Ni 不仅能够增加逆转奥氏体的体积分数还能够促进逆转奥氏体的长大。

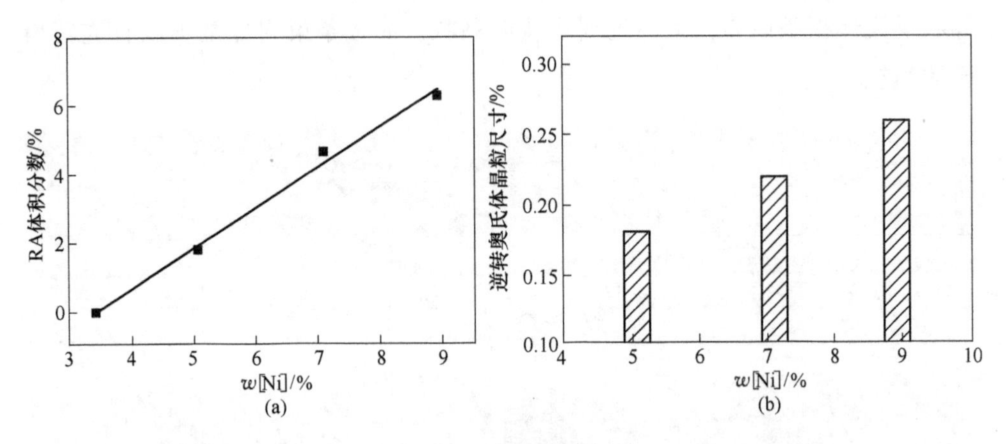

图 4-28 逆转奥氏体的体积分数和晶粒尺寸与 w［Ni］的关系

（a）体积分数；（b）晶粒尺寸

逆转奥氏体的相变驱动力 ΔG_v 为 α 相与 γ 相之间的自由能差。随着温度的升高，α 相与 γ 相的自由能均降低，但是 γ 相自由能降低的速度更快。因此两相的自由能必然在一个临界温度 T_0 处时相同，对于 α→γ 相变 T_0 即为 A_1 温度。本研究报告采用 Thermo-Calc 热力学软件计算了 600℃时奥氏体相变驱动力与 Ni 含量的关系，结果如图 4-29 所示，可以看出，随着 w[Ni] 的增加，相变驱动力 ΔG_v 逐渐增大，使得形核率增加。因此随着 Ni 含量的增加，逆转奥氏体更容易形核和长大。

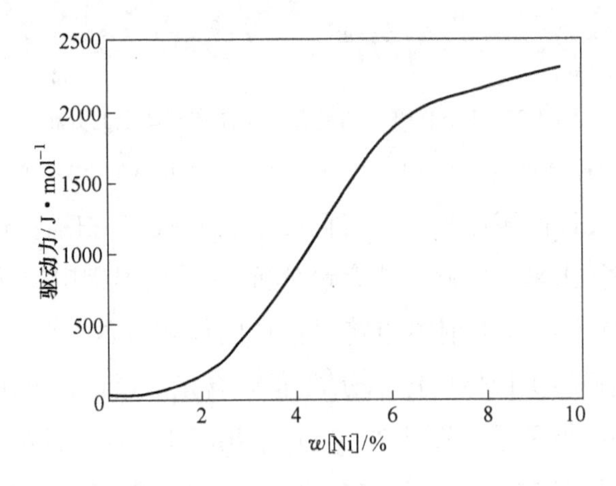

图 4-29 奥氏体相变驱动力和 w[Ni] 的关系

采用 TEM 对四种实验钢的显微组织进行了进一步观察，结果如图 4-30 所

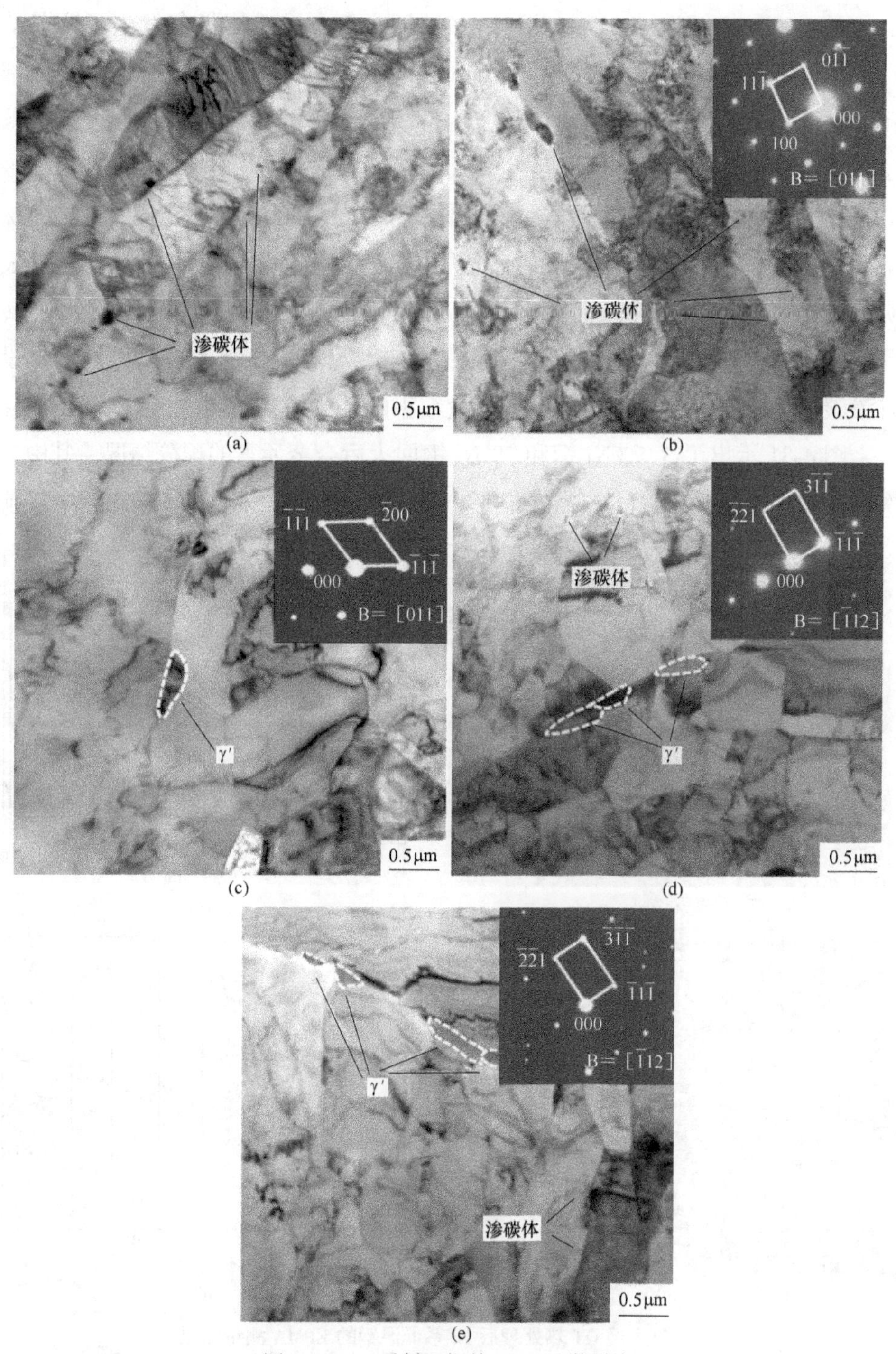

图 4-30　Ni 系低温钢的 TEM 显微照片

（a）3.5%Ni 钢；（b），（c）5%Ni 钢；（d）7%Ni 钢；（e）9%Ni 钢

示。图 4-30（a）显示 3.5%Ni 钢经 610℃回火后，马氏体板条发生了明显的回复，位错密度降低，同时相邻板条合并使得板条变宽，在马氏体板条内部和板条界处有大量渗碳体析出，板条内部析出的渗碳体尺寸较小，大多呈颗粒状，而晶界处析出的渗碳体尺寸较大，多呈片状并按一定的位向分布。5%Ni 钢的板条界和板条内部同样有渗碳体析出（图 4-30（b）），但是相比 3.5%Ni 钢，渗碳体的析出量明显减少，晶界上有大块的析出物析出，选区衍射表明大块析出物为渗碳体。图 4-30（c）显示 5%Ni 钢组织中有不规则块状逆转奥氏体析出，其长轴尺寸约为 0.5μm。7%Ni 钢和 9%Ni 钢中在晶界处基本没有渗碳体析出，仅在板条内部有极少量细小的颗粒状渗碳体析出。

图 4-31 示出了 3.5%Ni 钢和 7%Ni 钢回火后合金元素的配分情况，其中二次电子像中白色横线为线扫描的位置。可以看出，C 元素在 3.5%Ni 钢中渗碳

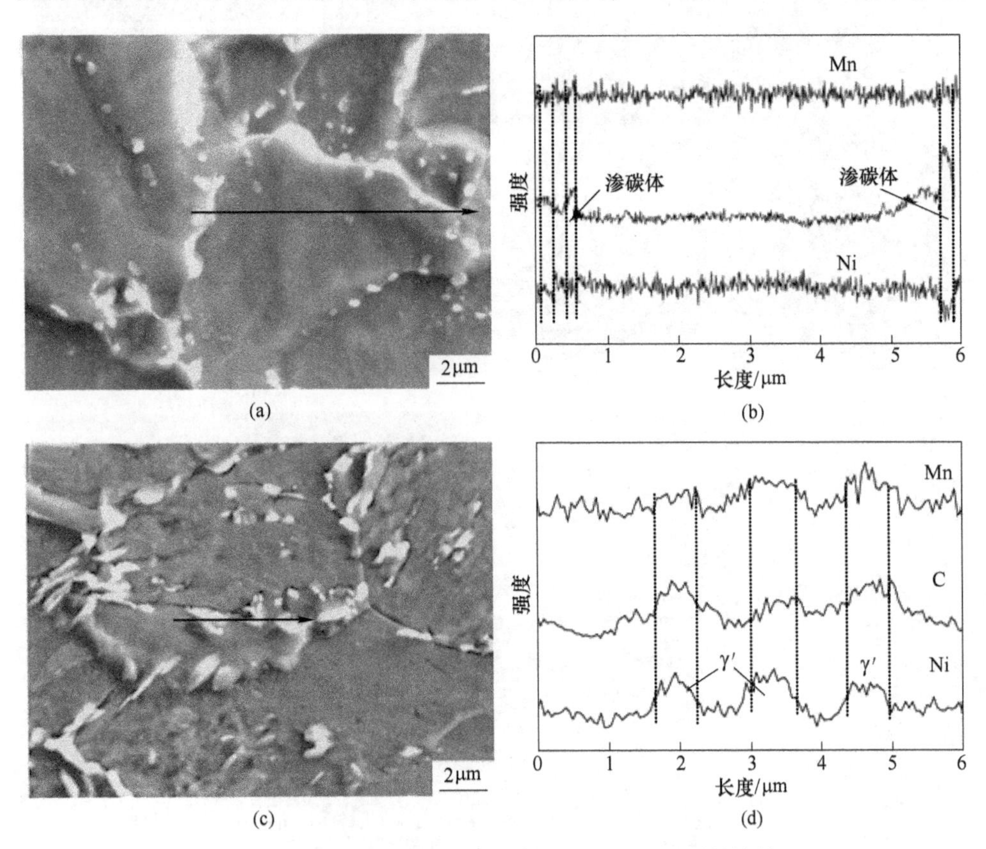

图 4-31 经 QT 热处理后 Ni 系低温钢的 EPMA 测量结果

（a）3.5%Ni 钢二次电子像；（b）3.5%Ni 钢线扫描结果；

（c）7%Ni 钢二次电子像；（d）7%Ni 钢线扫描结果

体处富集，而 Ni 元素是非碳化物形成元素，因此它在渗碳体中的含量较低。图 4-31（c）和（d）显示 C、Mn 和 Ni 元素在逆转奥氏体中富集，其中 C 和 Ni 元素的富集程度更高。逆转奥氏体的析出位置为原奥氏体晶界，这与 EBSD 和 TEM 观察的结果一致。由于回火温度在 A_{c1} 温度附近，逆转奥氏体的析出需要较长时间的孕育期，使得渗碳体先于逆转奥氏体析出，当逆转奥氏体晶核形成后，基体中的 C 原子将不断向逆转奥氏体中扩散，导致逆转奥氏体附近区域的合金元素浓度降低，使得渗碳体和逆转奥氏体之间的基体出现浓度梯度，C 原子在浓度梯度作用下将发生扩散，破坏了渗碳体和基体相界面处的 C 浓度平衡，导致逆转奥氏体附近的渗碳体逐渐溶解消失。

4.3.3 韧化机理分析

不同 Ni 含量的实验钢经淬火和回火处理后，得到的组织均为回火马氏体和少量的逆转奥氏体。但是组织中逆转奥氏体的含量和尺寸不同，冲击功表现出明显的差异，由此推断影响 Ni 系低温钢低温韧性的关键因素是逆转奥氏体的含量。图 4-32 示出了 Ni 系低温钢-196℃冲击功随逆转奥氏体含量的变化关系。根据实验数据可以拟合得到 Ni 系低温钢-196℃冲击功和逆转奥氏体体积分数的经验公式：

$$E_v = 10 + 11.1V_{\gamma'} + 3V_{\gamma'}^2 \quad (4\text{-}4)$$

式中 E_v——Ni 系低温钢在-196℃时的冲击功，J；

$V_{\gamma'}$——逆转奥氏体的体积分数，%。

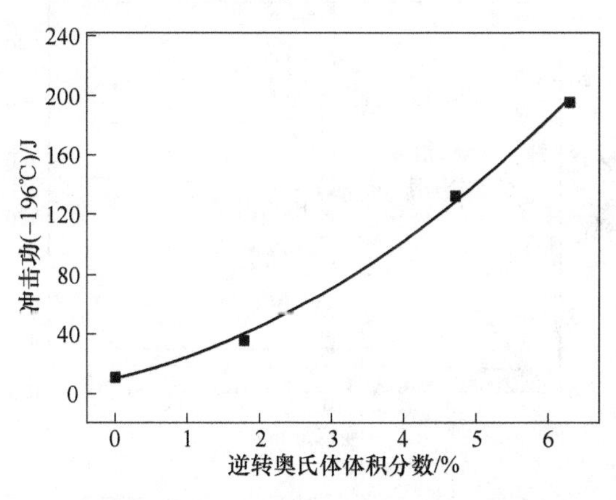

图 4-32 Ni 系低温钢-196℃冲击功与逆转奥氏体体积分数的关系

图 4-33 示出了冲击试验过程中的载荷-位移曲线。冲击试样断裂所吸收的总能量可以分为弹性变形能、塑性变形能、延性裂纹扩展能、脆性裂纹扩展能和延性断裂止裂能。在示波曲线上人们习惯以最大载荷为界，把峰值载荷出现前称为裂纹形成阶段，而峰值载荷后称为裂纹扩展阶段。与此对应，把冲击功分为裂纹形核功和裂纹扩展功。其中裂纹形核功包括弹性变形能和塑性变形能，裂纹扩展功包括延性裂纹扩展能、脆性裂纹扩展能和延性断裂止裂能。弹性变形能为材料在开始塑性变形前所吸收的能量[47,58]。塑性变形能为材料在开始塑性变形后到裂纹形成前的阶段所吸收能量。而裂纹扩展功表明裂纹发展直至断裂所吸收的变形能。对于不同的材料，其冲击韧性可能相同，但是却不一定具有相同的裂纹形核功和裂纹扩展功。从图 4-33 可以观察到，在弹性变形阶段四条曲线几乎重合，但是塑性变形后，不同 Ni 含量的实验钢峰值载荷不同，塑性变形阶段随着 Ni 含量的增加而变宽，这表明 Ni 含量较低的实验钢更容易形成微裂纹。3. 5%Ni 钢的载荷曲线达到峰值后迅速下降，表明在裂纹扩展阶段吸收的能量非常少，7%Ni 钢和 9%Ni 钢的载荷曲线具有较宽的裂纹扩展区，表明其微观组织具有很好的抵抗裂纹扩展的能力。Ni 系低温钢在-196℃的冲击功、裂纹形核功和裂纹扩展功如表 4-4 所示，可以观察到，在 3. 5%Ni 钢和 5%Ni 钢的断裂过程中，裂纹扩展功只占总冲击功的 42%~49%，说明 3. 5%Ni 钢和 5%Ni 钢的组织抵抗裂纹扩展能力很差，而在 7%Ni 钢和 9%Ni 钢的断裂过程中，裂纹形核功只占总冲击功的一小部分，

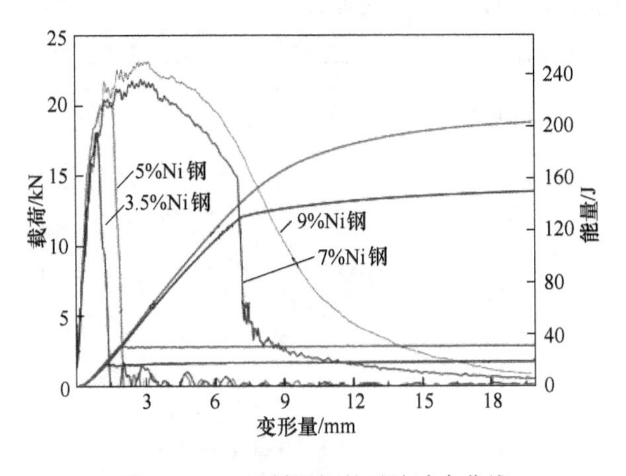

图 4-33　Ni 系低温钢的示波冲击曲线

表 4-4 Ni 系低温钢-196℃示波冲击试验中总吸收能、裂纹形核功和裂纹扩展功

实验钢	总吸收功/J	裂纹形核功/J	裂纹扩展功/J	裂纹扩展功/总吸收功
3.5%Ni	12	7	5	0.42
5%Ni	35	17.9	17.1	0.49
7%Ni	133	39	94	0.71
9%Ni	196	53.6	142.4	0.73

而裂纹扩展功占总冲击功的70%以上，这说明7%Ni 钢和9%Ni 钢组织具有很好的抗裂纹扩展能力。由此可见，逆转奥氏体可以提高 Ni 系低温钢抵抗裂纹扩展的能力。

图 4-34 为经 QT 热处理后的 Ni 系低温钢在-196℃下的典型冲击断口 SEM

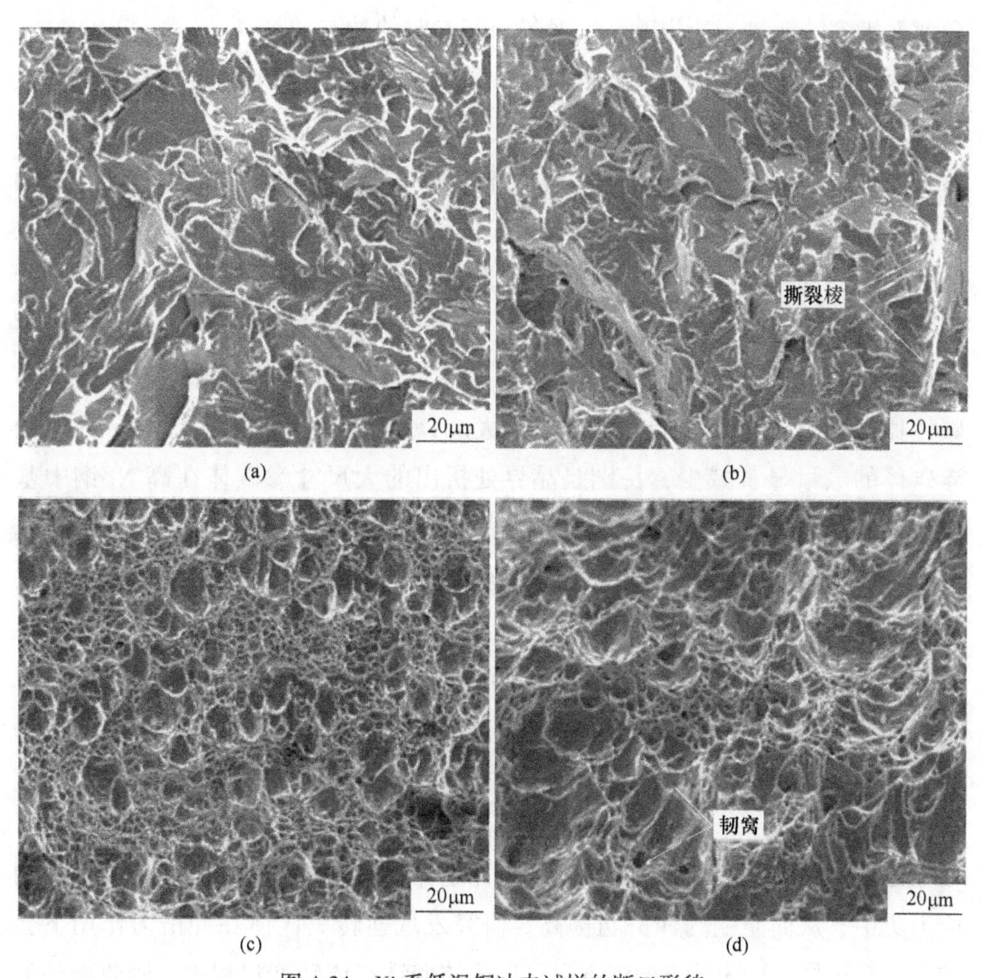

图 4-34 Ni 系低温钢冲击试样的断口形貌

(a) 3.5%Ni 钢；(b) 5%Ni 钢；(c) 7%Ni 钢；(d) 9%Ni 钢

像。可以看出 Ni 含量较低的 3.5%Ni 钢呈现明显的脆性断裂特征，断口表面由一系列小裂面（每个晶粒的解理面）所构成，解理面上可以看到明显的河流花样解理阶。5%Ni 钢断口形貌中也存在着类似 3.5%Ni 钢中的河流花样，但是其断口表面还存在有塑性变形产生的撕裂棱，由于塑性变形量较小，因此撕裂棱上的韧窝小而浅，表现为典型的准解理断裂。Ni 含量较高的 7%Ni 钢断口为韧窝断裂，韧性断裂前已经发生了较大的塑性变形，由于塑性变形需要消耗较多的能量，所以韧窝属于一种高能量吸收过程的延性断裂，因而 7%Ni 钢在-196℃时具有较好的低温韧性。随着 Ni 含量的继续增加，9%Ni 钢断口中韧窝尺寸变大，这说明在韧性断裂前发生了更大的塑性变形，从而会消耗更多的能量，所以 9%Ni 钢在-196℃时的冲击功最高。

为了研究裂纹的形核和扩展情况，采用 SEM 对-196℃冲击试样断口附近组织进行了观察，结果如图 4-35 所示。在冲击外力的作用下，屈服强度较低的基体首先发生塑性形变，由于渗碳体不能与周围基体的形变相容，在两相界面处很容易产生应力集中，当此集中的应力大于两相的界面结合力时，就会在两相界面处或渗碳体等脆性相中形成裂纹，如图 4-35（a）和（b）所示。渗碳体的存在使得裂纹形核功明显降低，从而导致韧性恶化，其危害作用随渗碳体体积分数的增加而增加，并且粗大和具有尖锐棱边的条状渗碳体比细小球状渗碳体的危害作用更大。TEM 结果显示随着 Ni 含量的增加渗碳体的数量显著减少，特别是晶界处析出的大尺寸渗碳体在高 Ni 钢中基本消失，这使得实验钢在-196℃时的裂纹形核功随 Ni 含量的增加而增加。图 4-35（b）显示裂纹在扩展过程中遇到原奥氏体晶界和板条束界等大角度晶界时，扩展方向会发生较大偏转[59~61]。图 4-35（c）显示裂纹穿过原奥氏体晶界但是没有发生明显偏转。Wu 等[62]认为在冲击过程中，晶界分布的大尺寸渗碳体处容易产生应力集中，从而弱化晶界对微裂纹扩展的抵抗能力。随着 Ni 含量的增加，渗碳体析出量减少，这使得实验钢的低温韧性提高。

Kang 等[58]研究认为逆转奥氏体是比基体更软的相，能够弱化裂纹尖端的应力集中，从而使钢的冲击功提高。研究发现逆转奥氏体在冲击力作用下会转变为马氏体，即发生 TRIP 效应，奥氏体向铁素体转变过程中会吸收额外的能量，提高冲击功[63~66]。Kim 等[52]认为逆转奥氏体发生 TRIP 效应而产生的

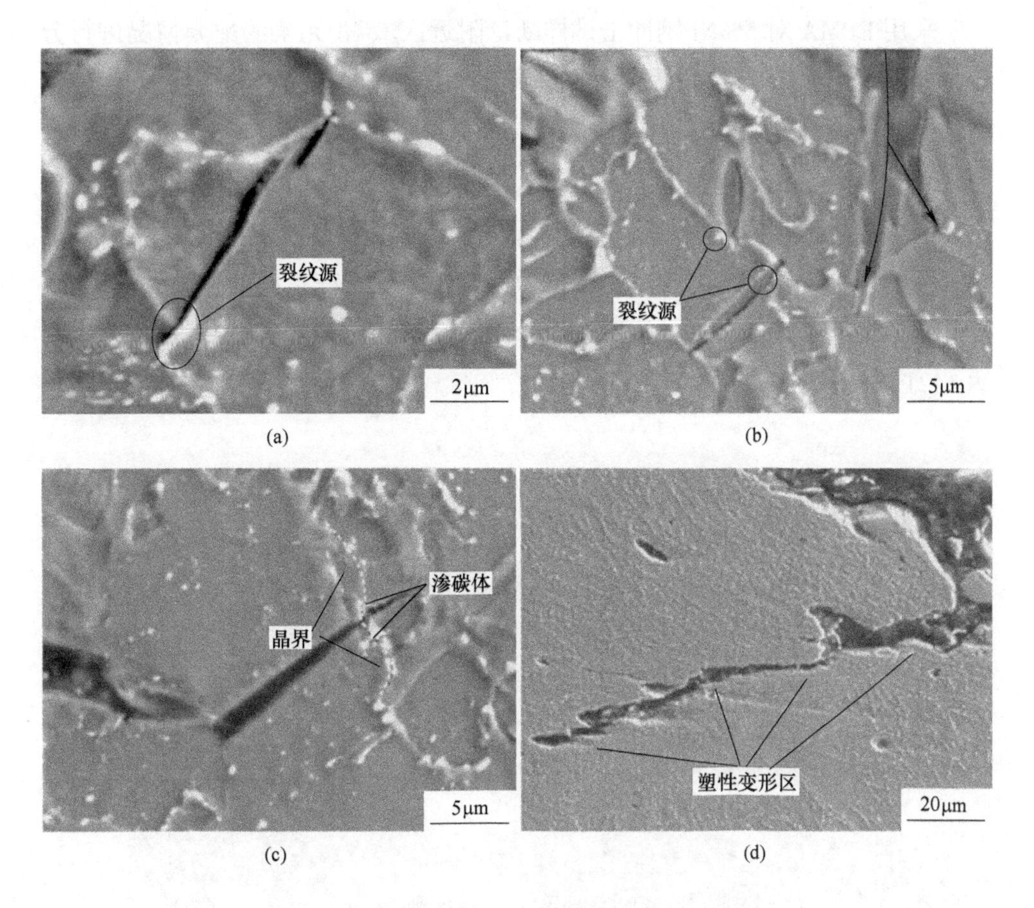

图 4-35 实验钢-196℃冲击断口表面下方微裂纹

（a）3.5%Ni 钢；（b），（c）5%Ni 钢；（d）9%Ni 钢

额外冲击功可用式（4-5）表示：

$$U_t = \left(\frac{\sigma_M \varepsilon_{IS}}{\sqrt{3}}\right) V_{\gamma\to\alpha} f_\gamma \tag{4-5}$$

式中 σ_M——相变应力；

ε_{IS}——不变剪切应变；

f_γ——组织中逆转奥氏体的体积分数；

$V_{\gamma\to\alpha}$——$\gamma\to\alpha$ 转变的体积分数。

10%逆转奥氏体通过 TRIP 效应仅能提供 3.3J 的额外冲击功，可见 TRIP 效应提供的韧性增量有限。

采用 EPMA 对 5%Ni 钢冲击试样断口附近区域 Ni 元素的配分情况进行分析，如图 4-36 所示。可以看出裂纹扩展至富 Ni 的逆转奥氏体时，会发生较大的偏转甚至被钝化，这表明逆转奥氏体可以阻碍裂纹扩展，改善低温韧性。当裂纹扩展到逆转奥氏体时，在裂纹尖端应力作用下，力学不稳定的逆转奥氏体会相变为稳定的淬火马氏体，马氏体相变产生的体积膨胀能够使裂纹愈合，缓解裂纹尖端的应力集中，强化微区塑性并使正在扩展的裂纹尖端钝化，提高裂纹扩展功。因此，逆转奥氏体含量最高的 9% Ni 钢裂纹扩展功高达 142J。

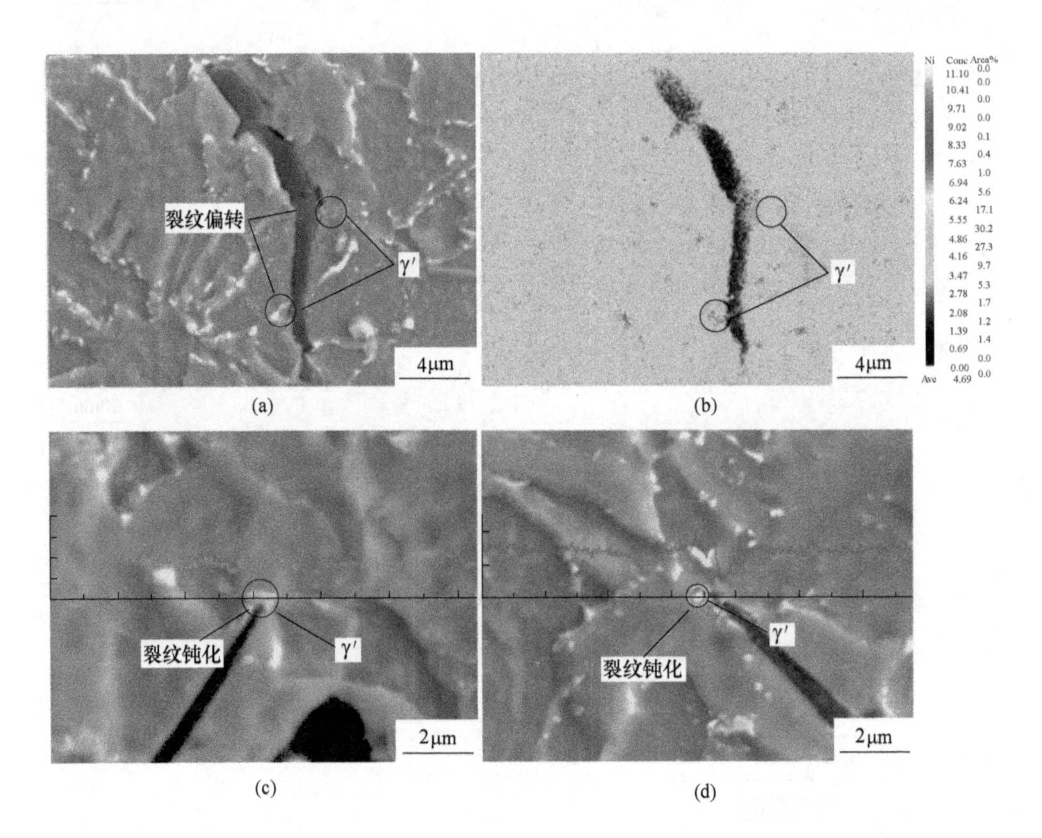

图 4-36 5%Ni 钢-196℃冲击断裂断口附近的 SEM 相(a)~(c)及 Ni 元素分布图 (d)

综上所述，逆转奥氏体能够吸收基体中 C 等有害于韧性的元素，减少渗碳体析出，净化基体，提高基体塑性形变能力；另一方面逆转奥氏体还能够阻碍裂纹的扩展，从而提高了材料的低温韧性。Ni 元素通过增加组织中逆转奥氏体的含量来提高冲击韧性。

5 Ni 系低温钢的 TMCP-UFC-LT 工艺开发

5.1 引言

目前，为了获得良好强韧性匹配，Ni 系低温钢在工业生产中一般采用 QT 热处理工艺。Ni 合金占 Ni 系低温钢成本的比例较大，另一方面较高的 Ni 含量还会给后续炼钢、连铸及焊接等工序带来许多问题。例如在实际生产过程中发现 9%Ni 钢连铸过程中铸坯表面质量较差，而且铸坯存在开裂现象，而且 9%Ni 钢板剩磁较高，在焊接时容易出现磁偏吹现象，给焊接带来了困难。因此研发减 Ni 化钢板对于国内 Ni 系低温钢的发展具有重要意义。但是 Ni 含量降低会导致钢的韧脆转变温度升高及低温韧性的恶化。为了解决低 Ni 钢韧性较差的问题，需要改变加工工艺，增加钢板中逆转奥氏体含量。QLT 工艺可以显著增加钢中逆转奥氏体的含量，从而提高钢的低温韧性，但是经 QLT 处理后的钢板存在强度偏低的问题，且 QLT 工艺存在工序复杂，能源消耗大，生产周期长等缺点，因此很少在实际生产中使用。本研究报告基于新一代 TMCP 技术，采用低温控轧工艺细化晶粒，热轧后采用超快冷快速冷却到室温，从而代替传统的离线淬火过程，随后结合亚温淬火+回火工艺（TMCP-UFC-LT）制备了低 Ni 钢板，工艺示意图如图 5-1 所示。

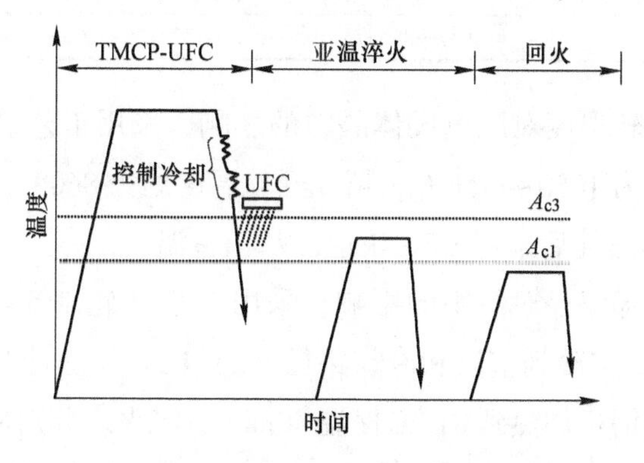

图 5-1 TMCP-UFC-LT 工艺示意图

5.2 热轧工艺对 Ni 系低温钢轧态晶粒的影响

5.2.1 实验材料及方案

三种 Ni 系低温钢的化学成分如表 5-1 所示。采用 40kg 真空感应炉进行熔炼，然后将钢锭开坯为 80mm×100mm（宽×厚）的钢坯。将钢坯切成长度约为 70mm 的小块，然后放入加热炉中加热至 1200℃并保温 2h，之后在实验室 ϕ450mm 实验轧机上进行热轧实验。

表 5-1 实验钢的化学成分（质量分数,%）

实验钢	C	Mn	Si	Ni
3.5%Ni	0.052	0.69	0.19	3.48
5%Ni	0.049	0.73	0.20	4.96
7%Ni	0.044	0.77	0.19	6.95

实验钢的道次压下分配见表 5-2，四种热轧工艺的总压下率都为 85%。工艺 A 采用完全再结晶区控制轧制工艺，轧制温度为 1050~1150℃，道次压下率为 20%~27%。工艺 B、工艺 C 和工艺 D 采用两阶段控制轧制工艺，再结晶区压下率分别为 65%、53% 和 35%，再结晶区轧制温度为 1050~1150℃，精轧开轧温度约为 880℃，终轧温度约为 860℃。

表 5-2 实验钢轧制过程的压下分配

工艺	道次压下/mm
A	100→80→62→47→35→26→19→15
B	100→80→62→47→35→待温→26→19→15
C	100→80→62→47→待温→35→26→19→15
D	100→85→73→65→待温→47→35→26→19→15

为了研究终轧温度对原奥氏体晶粒的影响，采用工艺 C 的压下分配，再结晶区轧制温度为 1050~1150℃，精轧开轧温度约为 860℃，终轧温度分别为 820℃和 880℃，热轧后采用 UFC 快速冷却至室温。

为了研究冷却路径对组织的影响，采用工艺 B 轧制 5%Ni 钢，终轧后采用冷却路径（1）空冷到室温和冷却路径（2）UFC 快速冷却到室温。然后将不同冷却路径的钢板加热到 810℃保温 40min 后淬火。分别从热轧和热处理板上截取金相试样，然后采用过饱和苦味酸溶液腐蚀原奥氏体晶界，在 LEICA

DMIRM型多功能光学显微镜（OM）上进行组织观察，分析不同热轧和冷却工艺对原奥氏体晶粒组织的影响规律。

5.2.2 压下率分配对轧态晶粒的影响

5%Ni钢在不同热轧工艺条件下的原奥氏体晶粒组织如图5-2所示。工艺A为完全再结晶区轧制，奥氏体晶粒呈等轴状，原奥氏体晶粒平均尺寸约为27.4μm。由于热轧时，轧制速度较快，发生不完全动态再结晶，形成部分粗大的奥氏体晶粒，细化晶粒主要通过两道次热轧间的待温时间发生静态再结晶来实现[29]。一般情况下在奥氏体再结晶区随变形量的增大，奥氏体再结晶晶粒细化，但是再结晶区的轧制细化晶粒是有一定限度的，存在一个极限值，当道次压下率大于50%时，细化的趋势减小。工艺B、工艺C和工艺D采用两阶段控制轧制工艺，可以看出奥氏体晶粒呈压扁状态，沿轧制方向被拉长。

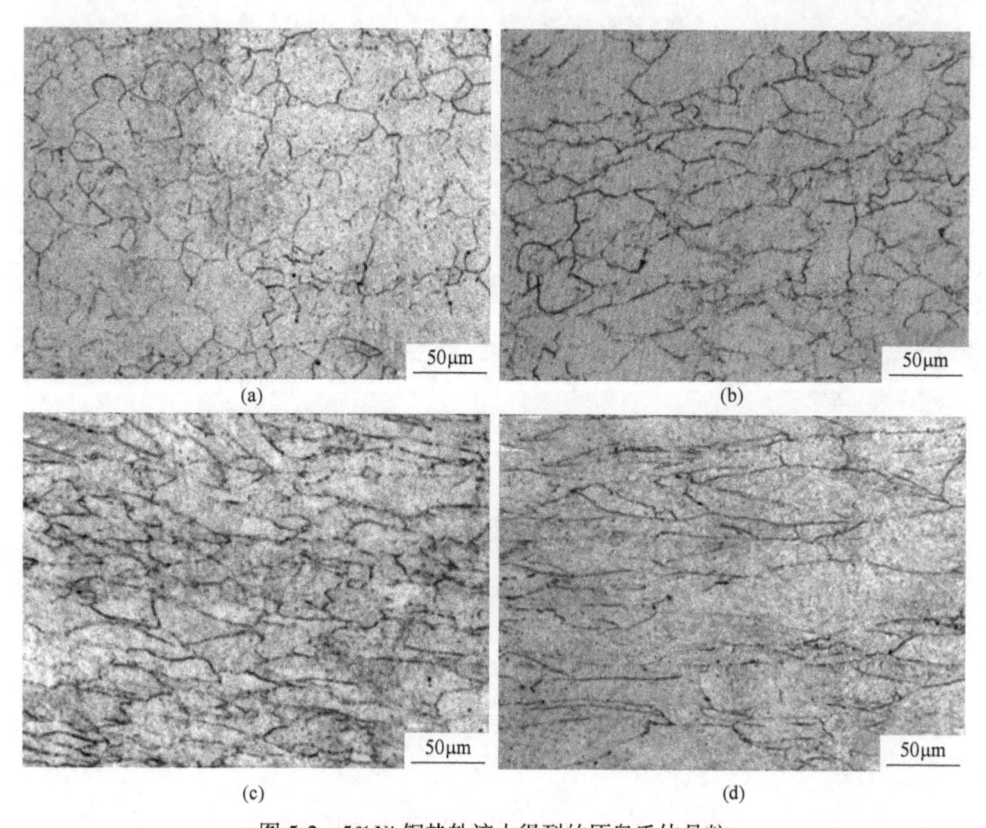

图5-2 5%Ni钢热轧淬火得到的原奥氏体晶粒

(a) 工艺A；(b) 工艺B；(c) 工艺C；(d) 工艺D

工艺 D 中有宽度约为 50μm 的粗大晶粒，也有非常细小的晶粒，这是由于工艺 D 中再结晶区总压下率仅为 35%，道次压下率也较小，再结晶细化晶粒的效果较差，原奥氏体晶粒平均尺寸约为 33.8μm。工艺 B 在未再结晶区压下率较小（57%），因此再结晶晶粒被压扁的程度较小，晶粒分布不均匀，原奥氏体晶粒平均直径约为 27.6μm。工艺 C 在未再结晶区压下率为 68%，奥氏体晶粒均匀细小，原奥氏体晶粒平均尺寸约为 24.6μm。

在未再结晶区增大压下量时，奥氏体的长宽比增加，增加了单位体积中奥氏体的晶界面积，同时在晶内会产生大量的变形带和高密度位错，这些变形带与晶界的作用类似，在相变时均可以作为形核位置，增加形核率，但是未再结晶区总压下率小于 60%时，变形带密度较小，而且分布很不均匀，有必要把总压下率提高到 60%以上。

3.5%Ni 钢和 7%Ni 钢在不同热轧工艺条件下的原奥氏体晶粒组织如图 5-3

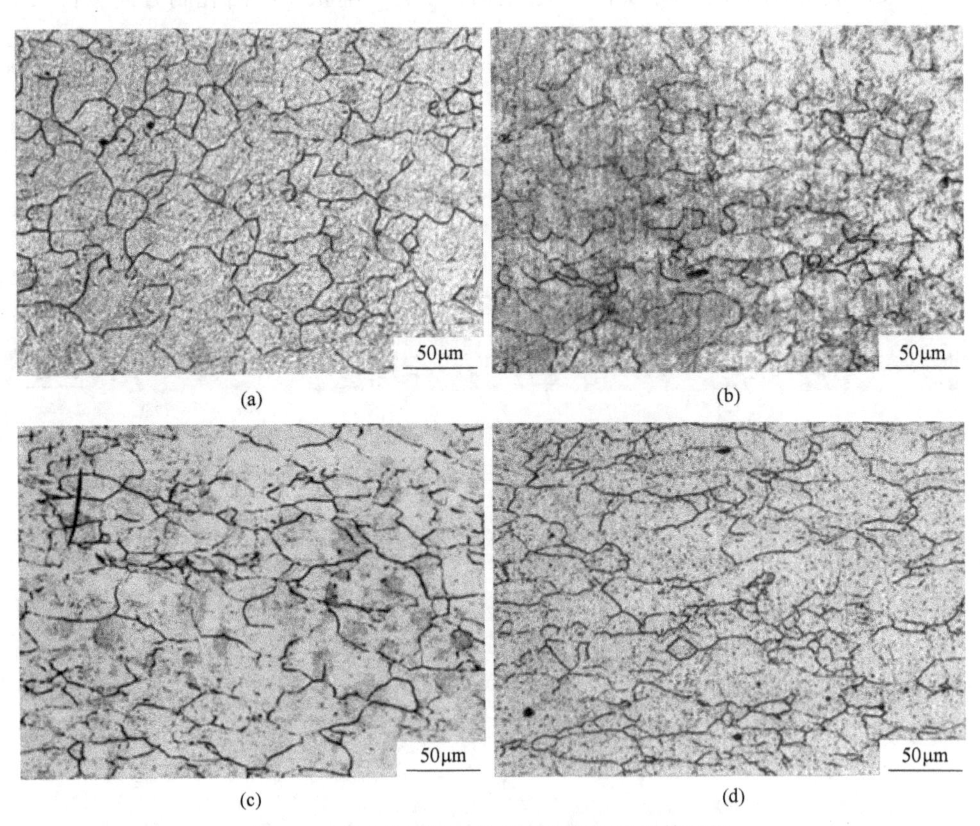

图 5-3 实验钢不同热轧工艺下的原奥氏体晶粒

（a）3.5%Ni 钢工艺 B；（b）3.5%Ni 钢工艺 C；（c）7%Ni 钢工艺 B；（d）7%Ni 钢工艺 C

所示。可以看出，工艺C由于未再结晶区压下率更大，因此原奥氏体压扁的程度更大，使得单位体积中晶界面积增加，为之后的相变提供了更多的形核位置。3.5%Ni钢工艺B和工艺C原奥氏体晶粒平均尺寸约为26.9μm和25.3μm。7%Ni钢工艺B和工艺C原奥氏体晶粒平均尺寸约为27.2μm和24.7μm。

5.2.3 终轧温度对轧态晶粒的影响

图5-4示出了终轧温度为820℃和880℃时3.5%Ni钢和7%Ni钢的原奥氏体晶粒组织。可以看出，终轧温度为820℃时，原奥氏体晶粒均匀细小，奥氏体晶粒均呈压扁状态，沿轧制方向被拉长，7%Ni钢压扁程度更大，3.5%Ni钢和7%Ni钢的原奥氏体晶粒平均尺寸分别为24.1μm和23.1μm。终轧温

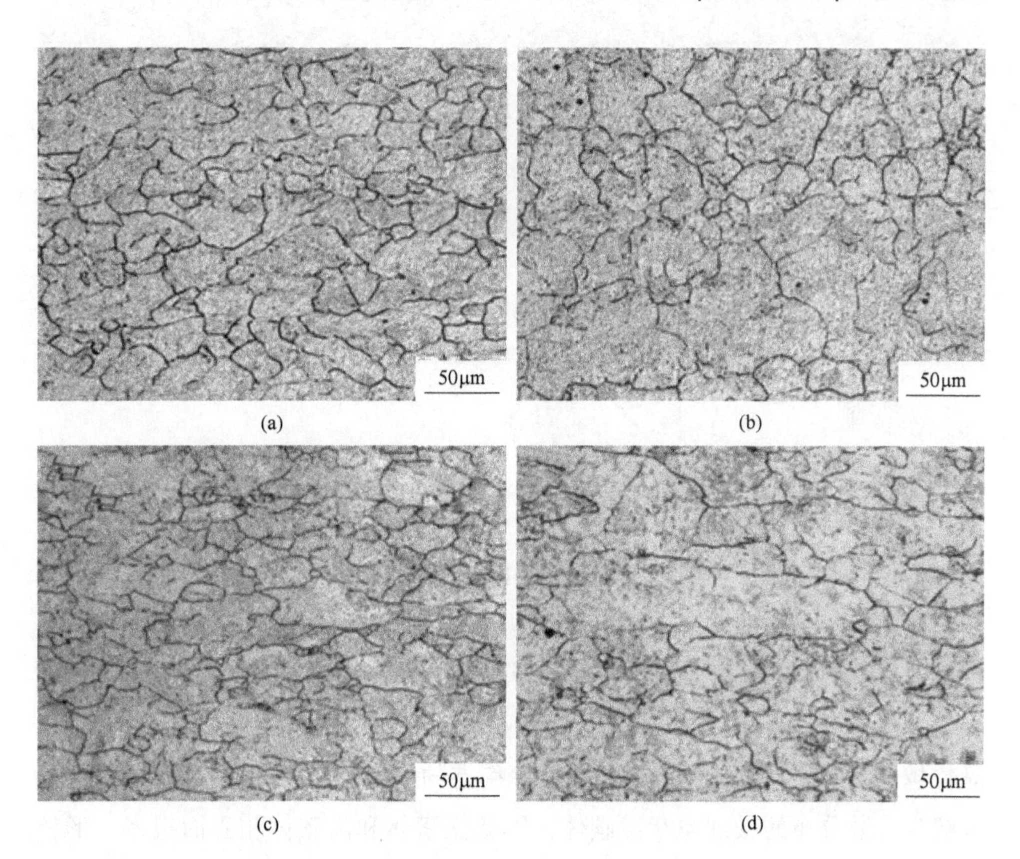

(a) (b) (c) (d)

图5-4 不同终轧温度下的原奥氏体晶粒组织

(a) 3.5%Ni钢820℃；(b) 3.5%Ni钢880℃；(c) 7%Ni钢820℃；(d) 7%Ni钢880℃

度为 880℃时，3.5%Ni 钢和 7%Ni 钢的原奥氏体晶粒平均尺寸分别为 27.6μm 和 28.5μm，终轧温度过高时原奥氏体晶粒分布不均匀，存在粗大的晶粒，这可能是因为轧制温度较高时，发生了部分再结晶，原始组织中尺寸较大的晶粒吞噬细小的再结晶晶粒使得晶粒变得更加粗大，因此终轧温度不宜取太高。

5.2.4 冷却方式对组织的影响

不同冷却路径下 5%Ni 钢的显微组织如图 5-5 所示。可以看出，5%Ni 钢空冷条件下的组织为多边形铁素体、珠光体和少量粒状贝氏体；在超快冷条件下组织主要为板条马氏体。可见超快冷促进了非平衡组织马氏体的转变，细化了室温组织。

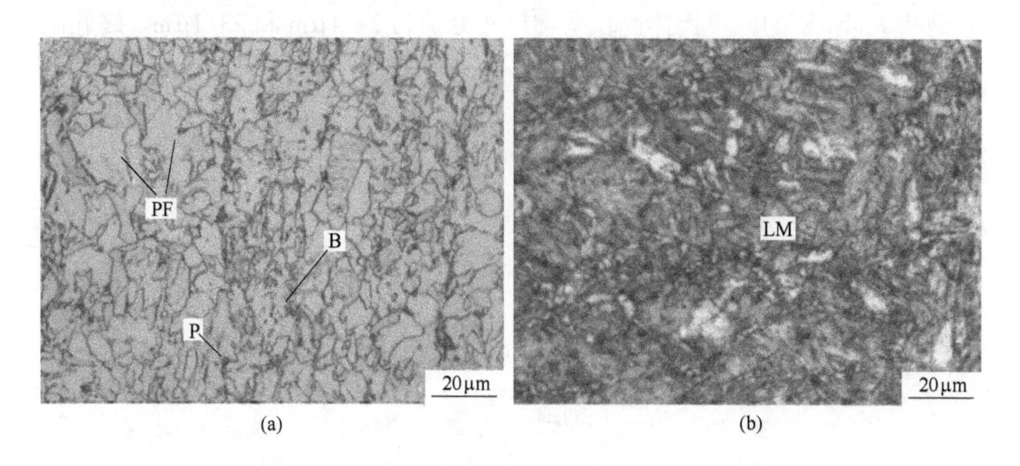

图 5-5 不同冷却路径下 5%Ni 钢热轧板的显微组织

(a) 空冷；(b) 超快冷

将不同冷却路径下的钢板加热到 810℃保温 40min 后淬火并观察其原奥氏体晶粒组织，结果如图 5-6 所示。可以看出，重新奥氏体化后，超快冷工艺钢板的原奥氏体晶粒更加细小。一般认为奥氏体首先在铁素体和渗碳体的相界面上形核，铁素体和渗碳体相界面越多，则奥氏体的形核点越多，奥氏体晶粒越细。对于马氏体和贝氏体等非平衡态的组织，在 A_{c1} 以上的温度中已经分解为弥散分布的微细粒状渗碳体，因此铁素体和渗碳体相界面很多，形核率很高，从而得到比平衡态组织加热时更加细小的奥氏体晶粒。控制冷却速度能够细化轧态组织，同时也会对后续的热处理组织产生影响。

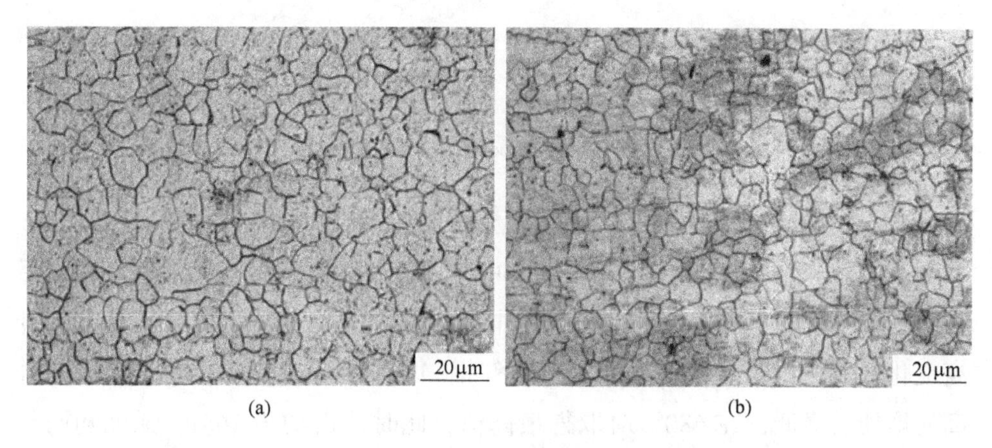

图 5-6 奥氏体化后的原奥氏体晶粒组织

（a）空冷；（b）超快冷

5.3 TMCP-UFC-LT 工艺对 Ni 系低温钢组织性能的影响

5.3.1 实验材料及方法

实验钢的化学成分如表 4-3 所示。热轧从 100mm 厚轧成 15mm 厚，总压下率为 85%。经两阶段轧制得到 15mm 厚的热轧板，一阶段开轧温度约为 1150℃，精轧开轧温度为 860℃，终轧温度为 820℃，轧制规程为：100mm→80mm→62mm→47mm→待温→35mm→26mm→19mm→15mm，精轧区压下率为 68%。轧制完成后采用 UFC 直接冷却到室温。对钢板进行不同两相区温度和回火温度的热处理，两相区温度和回火温度分别选择 40min 和 60min。为了便于分析和比较，还进行了 QT 和 QLT 热处理实验，热轧工艺：一阶段开轧温度约为 1150℃，再结晶区总压下率约为 65%，二阶段开轧温度约为 880℃，终轧温度约为 860℃，钢板最终厚度为 15mm，未再结晶区总压下率约为 57%，终轧完成后直接空冷到室温。3.5%Ni 钢 QT 工艺：830℃保温 40min 淬火，610℃回火 60min；5%Ni 钢 QT 工艺：810℃保温 40min 淬火，620℃回火 60min；5%Ni 钢 QLT 工艺：810℃保温 40min 淬火，680℃保温 40min 淬火，620℃回火 60min；7% Ni 钢 QT 工艺：800℃保温 40min 淬火，600℃回火 60min。

5.3.2 实验结果及分析

5.3.2.1 两相区温度对 Ni 系低温钢力学性能的影响

图 5-7~图 5-9 示出了 Ni 系低温钢的力学性能随两相区温度的变化关系。从图 5-7 可以看到，3.5%Ni 钢-135℃冲击功随着两相区温度的升高先增加后降低，在 690℃时取得最高值，此时冲击功为 270J，强度随两相区温度的升高变化不大。从图 5-8 可以看到，5%Ni 钢-196℃冲击功随着两相区温度的升高先增加后降低，在 680℃时取得最高值，此时冲击功为 168J，强度随两相区温度的升高变化不大，当两相区温度为 680℃时，5%Ni 钢取得最佳力学性能。

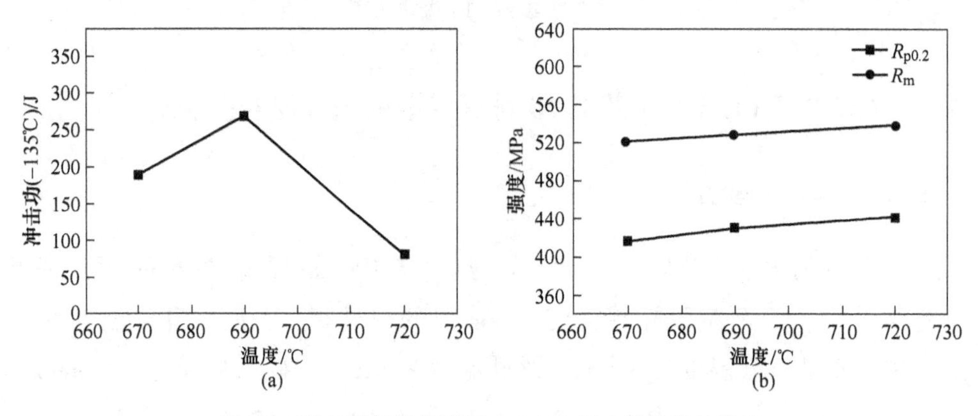

图 5-7 两相区保温温度对 3.5%Ni 钢力学性能的影响

（a）冲击功；（b）拉伸性能

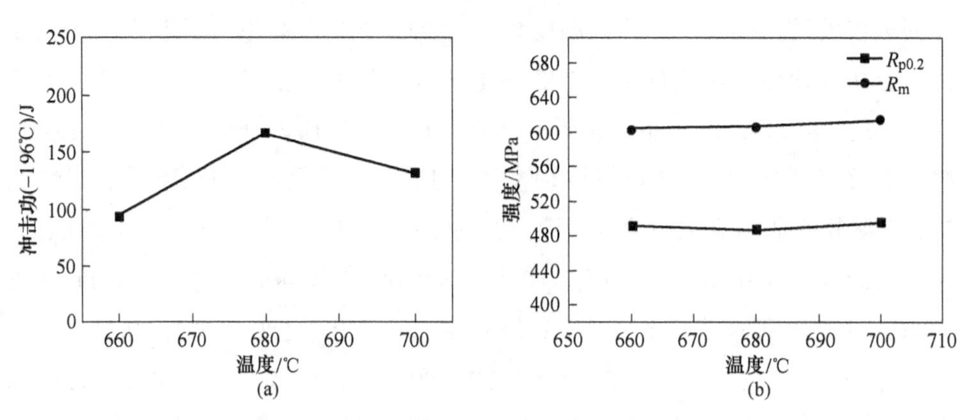

图 5-8 两相区保温温度对 5%Ni 钢力学性能的影响

（a）冲击功；（b）拉伸性能

从图 5-9 可以看出，随着两相区温度的增加，-196℃冲击功呈现先增大后减小的趋势，在 670℃时达到最大值，同时抗拉强度逐渐降低，屈服强度先降低后升高，两相区温度为 670℃时，7%Ni 钢取得最佳力学性能。

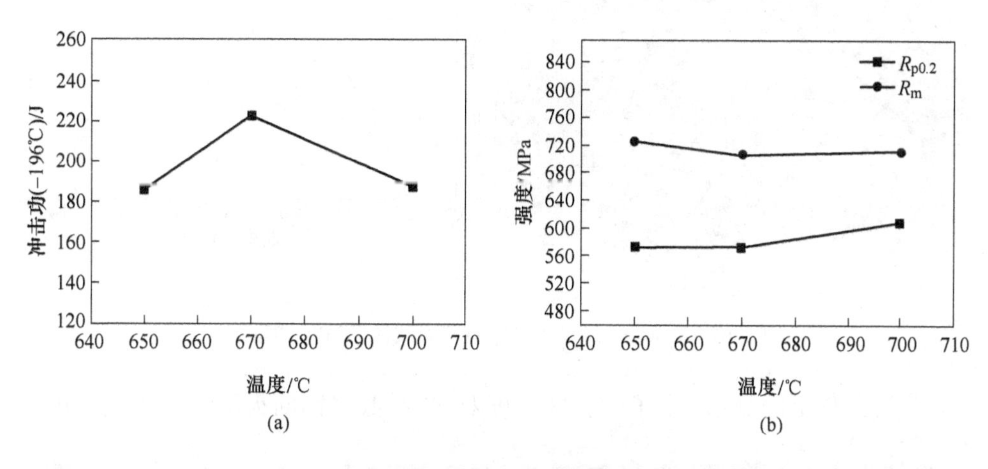

图 5-9 两相区保温温度对 7%Ni 钢力学性能的影响
(a) 冲击功；(b) 拉伸性能

5.3.2.2 两相区温度对 Ni 系低温钢微观组织的影响

图 5-10 示出了 3.5%Ni 钢 690℃保温淬火试样的二次电子相和合金元素配分情况。可以看到，C、Mn、Ni 元素在板条状组织中富集。从图中可以清晰看到板条状组织表面的浮凸，表明其为淬火马氏体。在淬火马氏体边界有少量薄膜状的亮衬度区，应该为淬火时未来得及转变的残余奥氏体。在两相区保温过程中，奥氏体会沿原奥氏体晶界和板条界形核长大，形成奥氏体+铁素体混合组织，同时铁素体中的 C、Mn、Ni 等合金元素向奥氏体中偏聚，这种由马氏体/贝氏体在两相区保温过程中形成的贫合金元素组织又被称为临界铁素体[67,68]。淬火时，绝大部分奥氏体会因为稳定性不够而重新转变为马氏体。因此，两相区保温淬火后的组织主要由富合金元素的马氏体和贫合金元素的铁素体组成，此外还有少量残余奥氏体。再进行回火时，富奥氏体稳定元素的板条 A_{c1} 温度较低，逆转奥氏体很容易在其板条界处形核，残余奥氏体在回火时也可以作为逆转奥氏体的核心继续长大，合金元素只需经过较短距离就可以扩散到逆转奥氏体内，从而促进了逆转奥氏体的长大和稳定[69~71]。

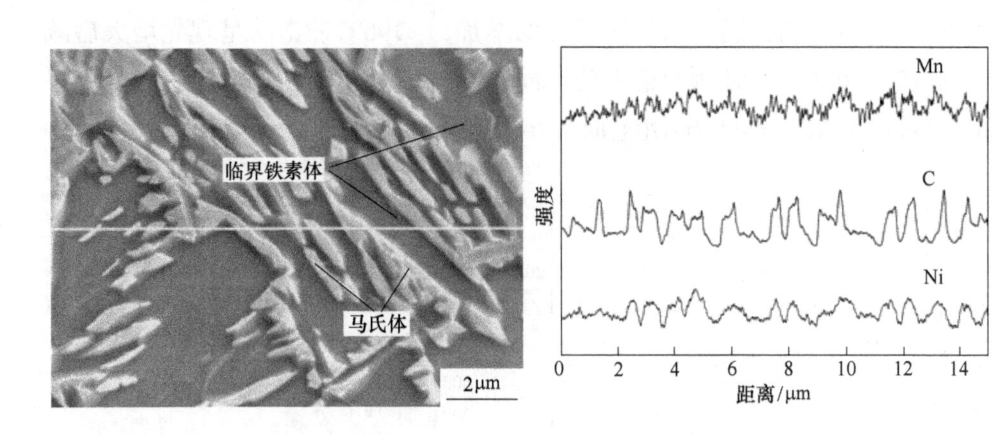

图 5-10 3.5%Ni 钢 690 ℃保温淬火试样 EPMA 测量结果

图 5-11～图 5-13 示出了两相区温度对 Ni 系低温钢回火组织的影响。可以

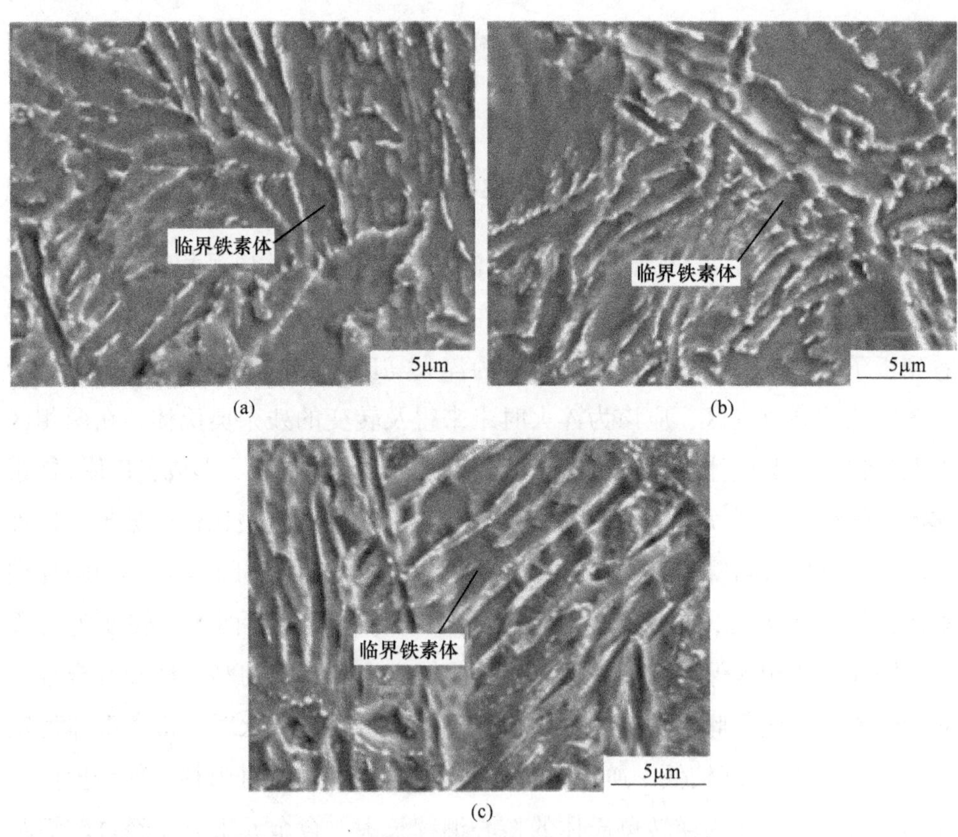

图 5-11 3.5%Ni 钢不同两相区温度条件下的 SEM 像

(a) 670℃；(b) 690℃；(c) 720℃

看出，实验钢在不同两相区温度下的组织均为回火马氏体、临界铁素体和逆转奥氏体。杨跃辉等[69]在研究两相区温度对 9%Ni 钢逆转奥氏体和冲击韧性的影响时认为 SEM 像中衬度较亮的区域为逆转奥氏体及回火后水冷过程中不稳定奥氏体相变得到的淬火马氏体。当两相区温度较低时，3.5%Ni 钢组织中含有较多的临界铁素体，亮衬度区域较少；两相区温度升高到 690℃时，临界铁素体含量减少，板条间有较多针状的亮衬度区域分布；当两相区温度为 720℃时，组织大部分为规则排列的马氏体板条，在板条间只有少量的亮衬度区分布。5%Ni 钢和 7%Ni 钢组织随两相区温度的变化规律与 3.5%Ni 钢相同。随着 Ni 含量的增加，组织中临界铁素体所占的比例减少，亮衬度区板条组织变得更加细小。

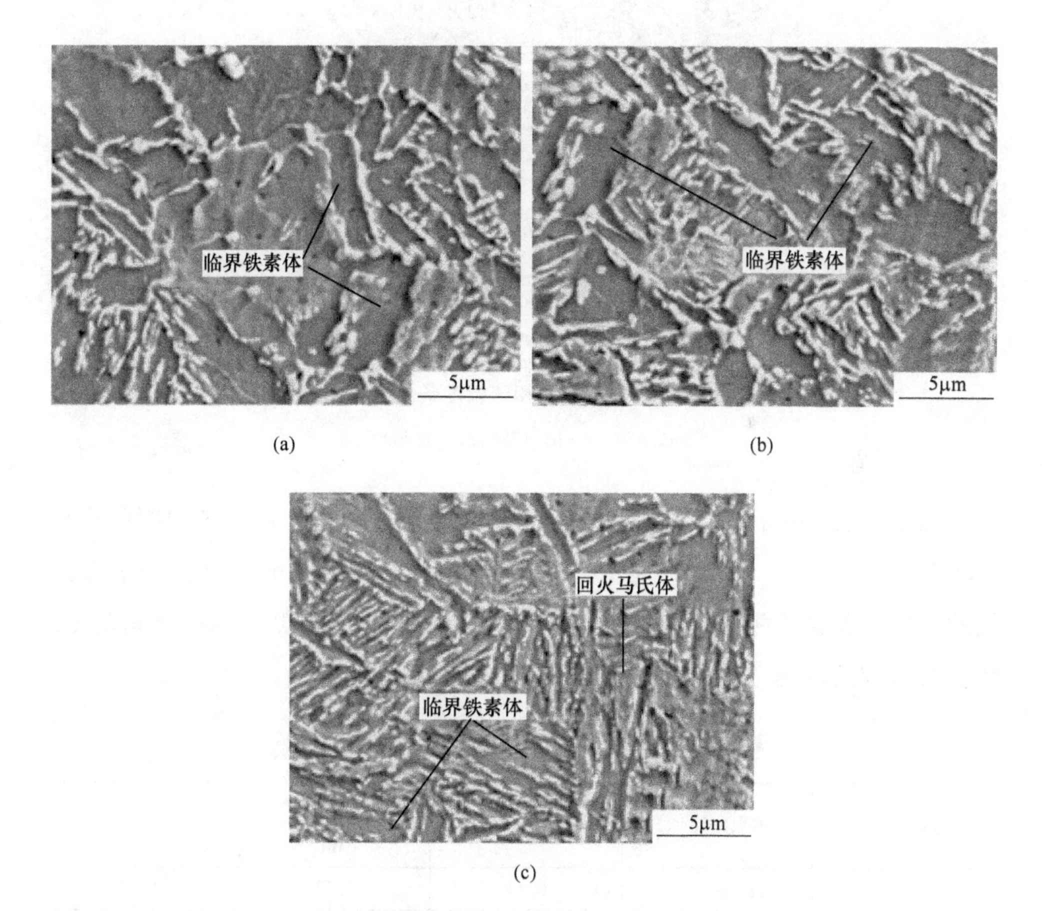

图 5-12　5%Ni 钢不同两相区温度条件下的 SEM 像

(a) 660℃；(b) 680℃；(c) 700℃

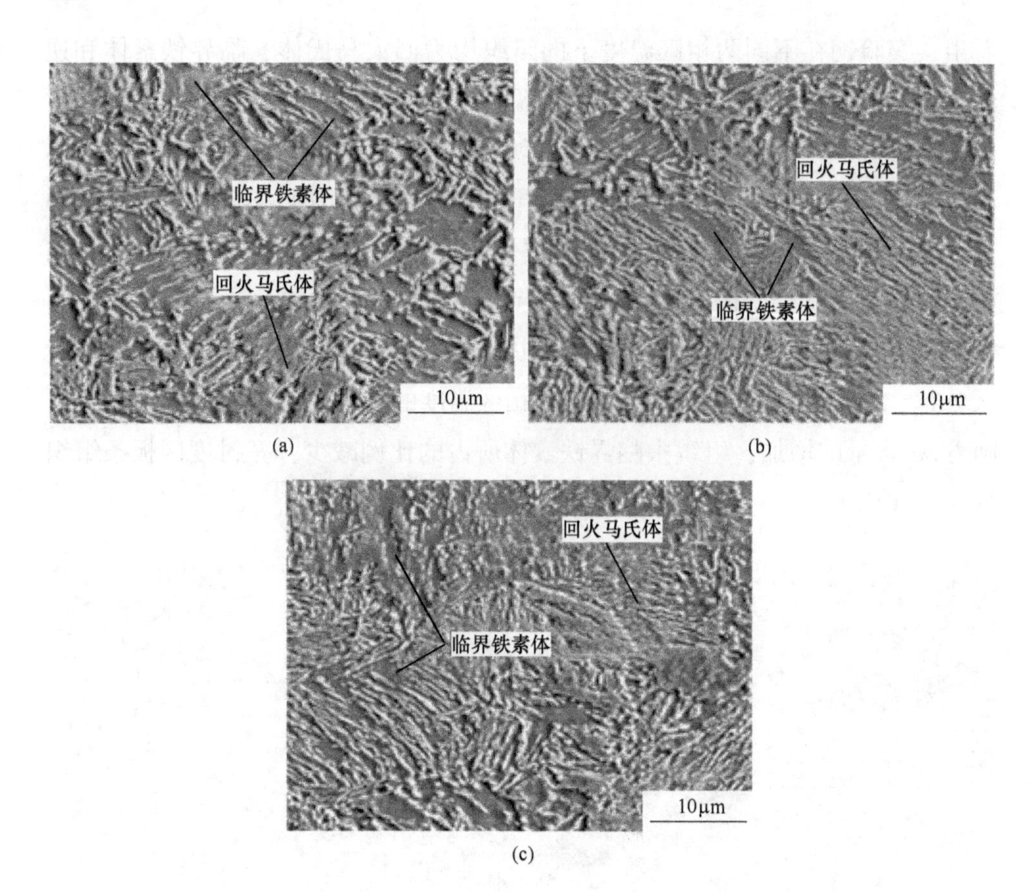

图 5-13 7%Ni 钢不同两相区温度条件下的 SEM 像

（a）650℃；（b）670℃；（c）700℃

采用 Thermo-Calc 热力学软件计算了平衡状态下 7%Ni 钢中各相体积分数和奥氏体中 C、Mn、Ni 的质量分数，结果如表 5-3 所示。可以看出，奥氏体相的体积分数随着两相区温度的升高而不断增加，但是奥氏体中富集的 C、Mn、Ni 元素的质量分数却一直降低。

表 5-3 逆转奥氏体的体积分数和合金元素含量

温度/℃	体积分数/%	质量分数/%		
		C	Mn	Ni
660	48	0.13	1.33	11.39
670	61	0.10	1.09	9.80
700	88	0.07	0.81	7.80

采用 TEM 进一步观察了 7%Ni 钢中不同两相区温度条件下回火试样中逆转奥氏体的形貌和分布，结果如图 5-14 所示。两相区温度较低（650℃）时，逆转奥氏体的尺寸较大，数量较少，奥氏体中 C、Mn 和 Ni 元素富集程度高，淬火后形成富合金元素的板条马氏体，回火时逆转奥氏体沿富合金元素的板条形核，有利于逆转奥氏体的长大和稳定，但是由于富合金元素的板条占组织的比例较低，使得形核点较少，因此逆转奥氏体数量较少，分布也不够均匀。在 700℃保温时，生成的奥氏体相体积分数较高，因此淬火后形成的富合

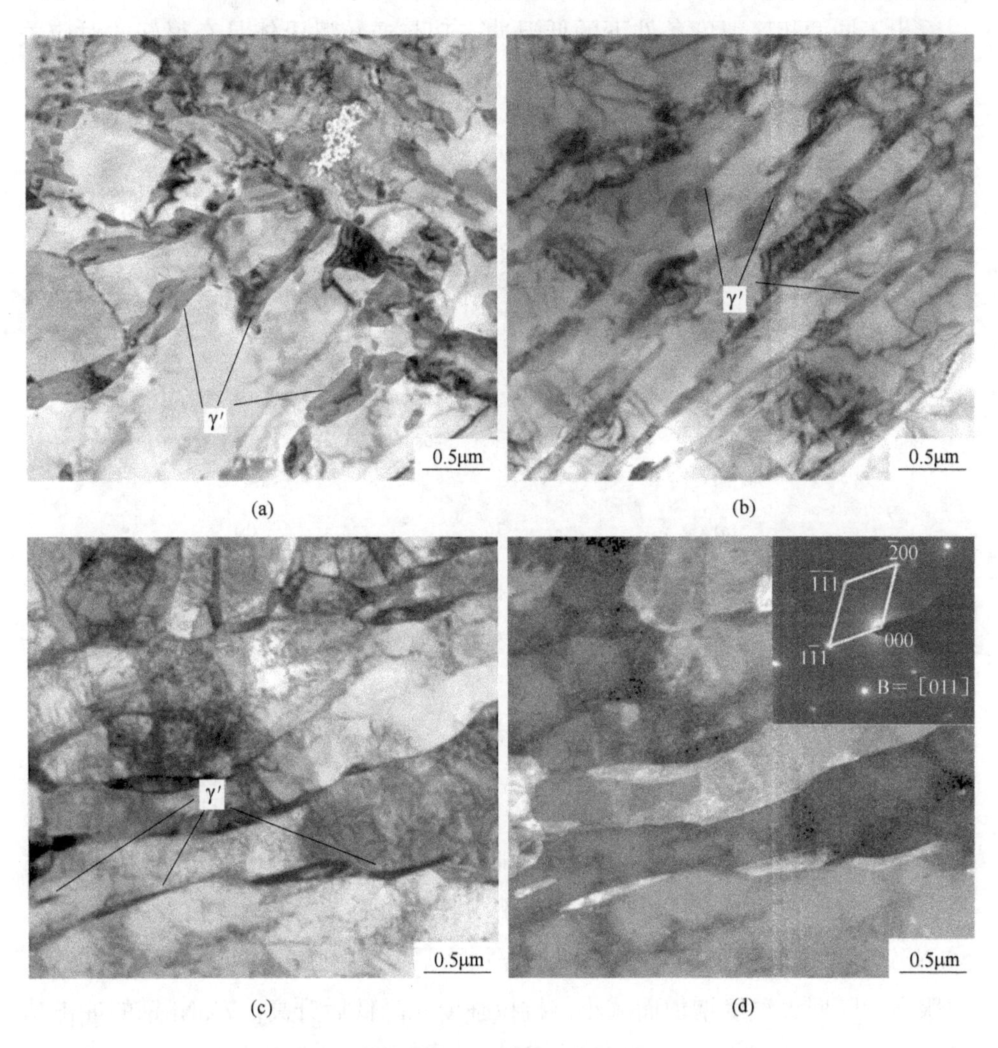

图 5-14 7%Ni 钢不同两相区温度条件下逆转奥氏体的形貌

（a）650℃；（b）670℃；（c），（d）700℃

金元素板条也较多，但是合金元素在奥氏体相中的质量分数随两相区温度的升高而降低，因此板条中富集的合金元素含量较少，导致逆转奥氏体形核率很高但是不容易长大。图 5-14（c）显示回火后在板条间形成细小的针状逆转奥氏体，但是体积分数较少。两相区温度为 670℃ 时，生成的富合金元素板条数量适中，合金元素富集程度也较高，因而在回火后获得了较多数量的逆转奥氏体，且逆转奥氏体分布较为均匀。

图 5-15 示出了 Ni 系低温钢中逆转奥氏体体积分数与低温韧性的关系。可以看出不同两相区温度条件下的低温冲击功与逆转奥氏体具有很好的对应关系，这表明逆转奥氏体是提高 Ni 系低温钢低温韧性的主要因素。

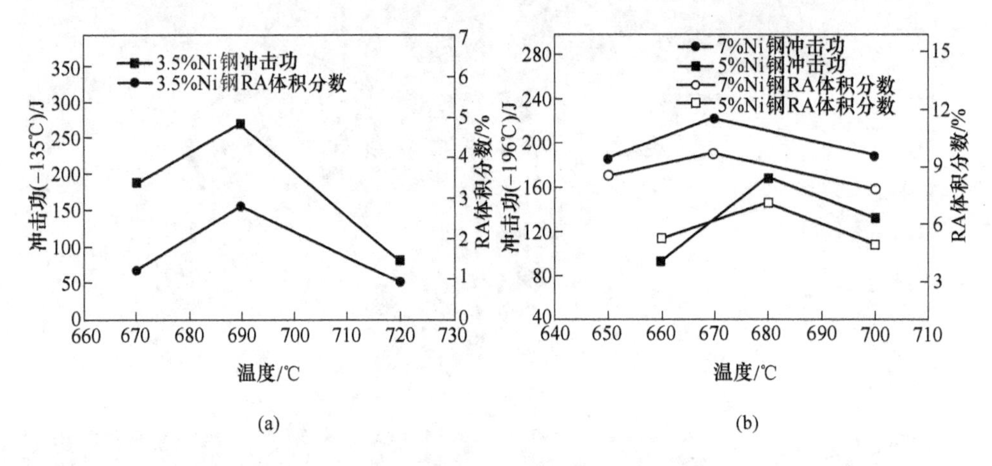

图 5-15 逆转奥氏体体积分数与低温韧性的关系

（a）3.5%Ni 钢；（b）5%和 7%Ni 钢

5.3.2.3 回火温度对力学性能的影响

图 5-16~图 5-18 示出了 Ni 系低温钢的力学性能随回火温度的变化关系。3.5%Ni 钢的冲击功随回火温度的增加先增大后减小，在 610℃ 时达到最大值，抗拉强度在实验温度范围内变化不大，屈服强度随回火温度增加而减小。5%Ni 钢的冲击功随回火温度的增加先增大后减小，在 620℃ 时达到最大值，屈服强度随回火温度增加而减小，抗拉强度先降低后升高。7%Ni 钢的冲击功随回火温度的增加先增大后减小，在 600℃ 时达到最大值，随着回火温度的升高，屈服强度减小，抗拉强度先降低后升高。

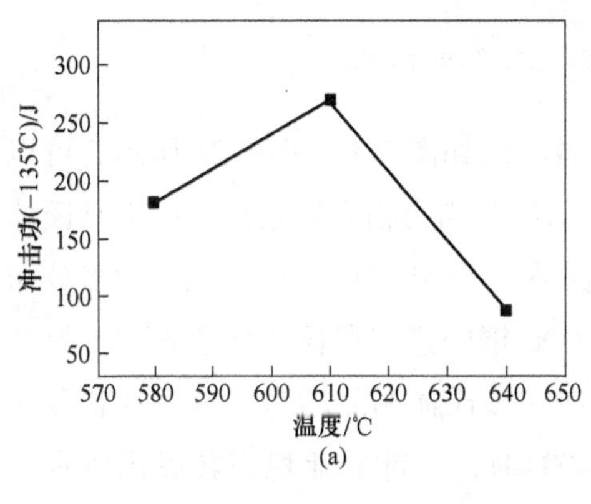

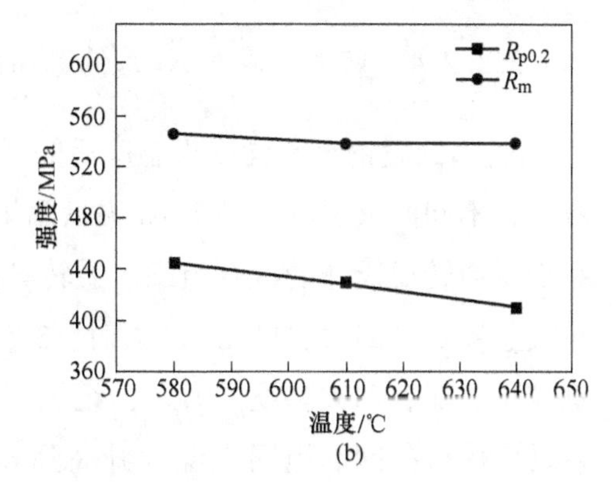

图 5-16　回火温度对 3.5%Ni 钢力学性能的影响

（a）冲击功；（b）拉伸性能

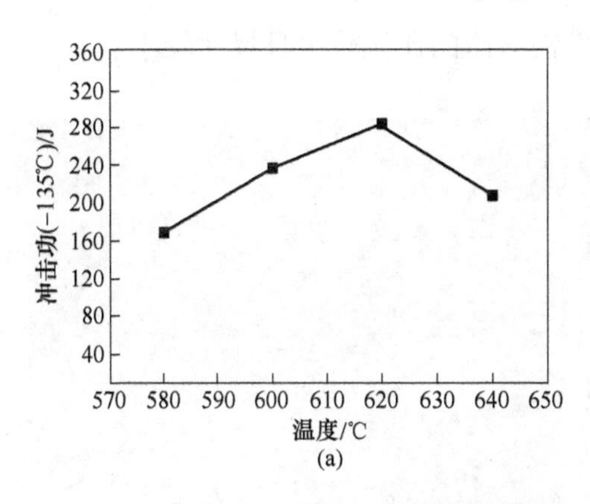

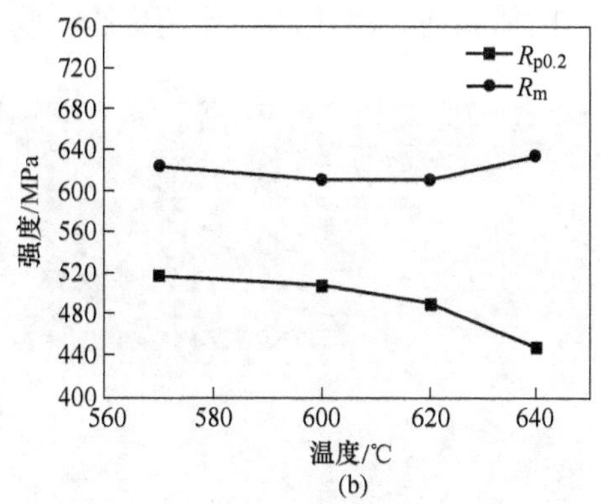

图 5-17　回火温度对 5%Ni 钢力学性能的影响

（a）冲击功；（b）拉伸性能

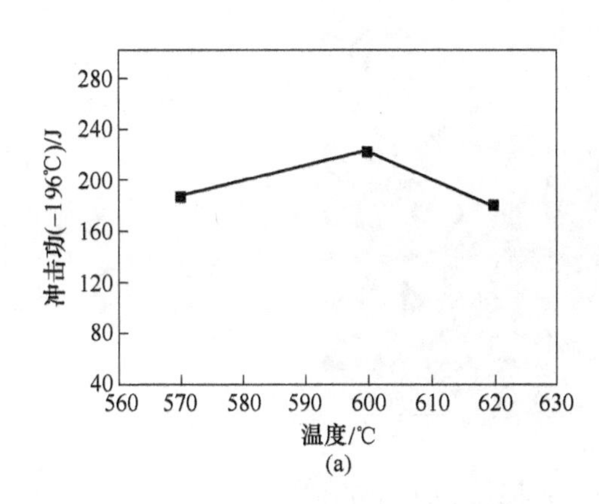

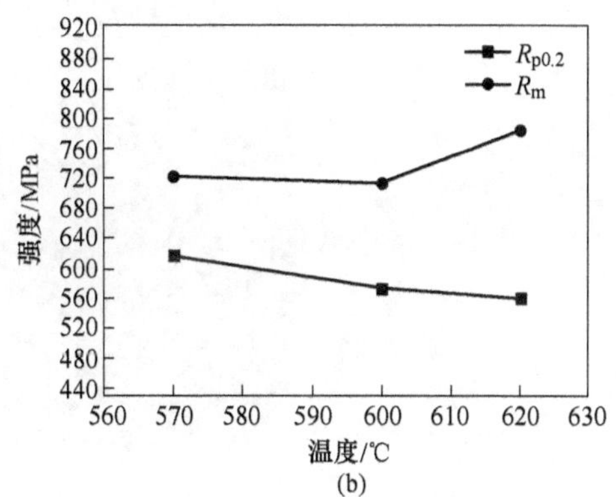

图 5-18　回火温度对 7%Ni 钢力学性能的影响

（a）冲击功；（b）拉伸性能

5.3.2.4 回火温度对 Ni 系低温钢微观组织的影响

Ni 系低温钢经不同回火温度后的显微组织如图 5-19~图 5-21 所示。可以看出，不同回火温度条件下 Ni 系低温钢的组织均为临界铁素体、回火马氏体和少量逆转奥氏体的混合组织。逆转奥氏体在 SEM 像中衬度较亮，大多分布在板条界处。回火温度为 580℃时，3.5%Ni 钢中逆转奥氏体含量很少，尺寸也较小。随着回火温度的升高，组织中逆转奥氏体明显增多，多呈针状分布在马氏体板条间。当回火温度升高到 640℃时，一部分亚稳逆转奥氏体水冷后转变为马氏体使得组织中淬火马氏体增多。5%Ni 钢和 7%Ni 钢的组织随回火温度的变化趋势与 3.5%Ni 钢相似。在相近的回火温度下，高 Ni 钢中回火马氏体和逆转奥氏体的比例更高，临界铁素体的比例较少且尺寸较小。

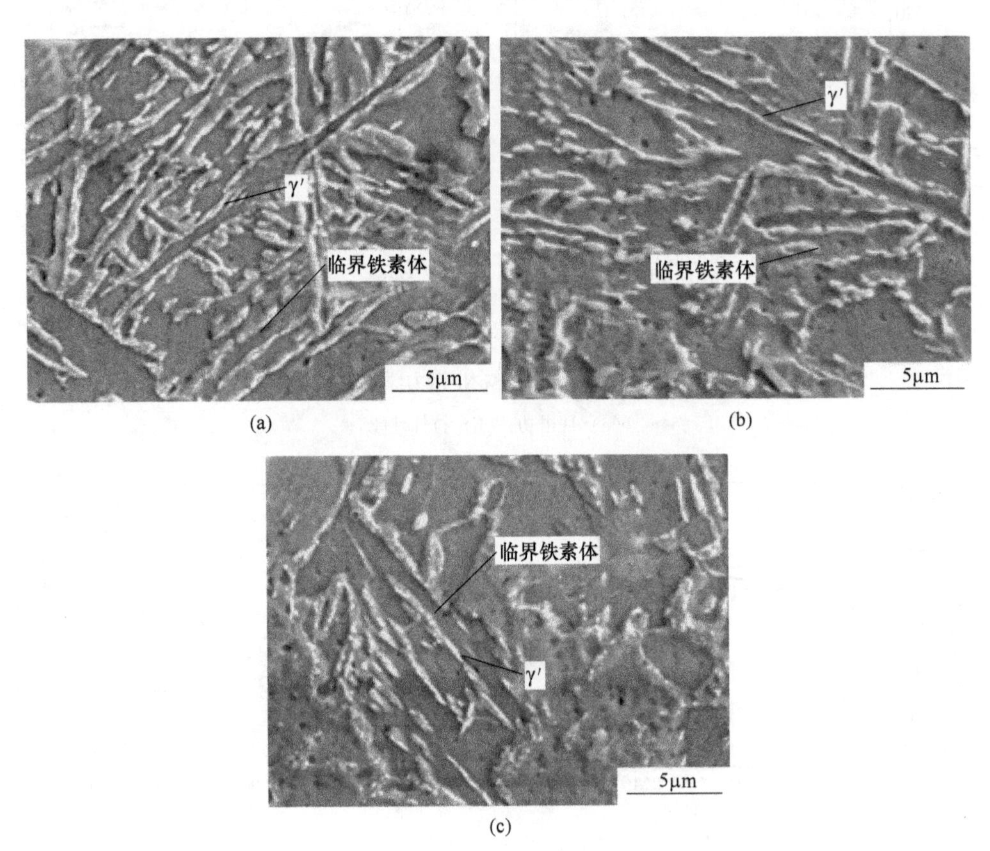

图 5-19 不同回火温度下 3.5%Ni 钢的 SEM 像

(a) 580℃；(b) 610℃；(c) 640℃

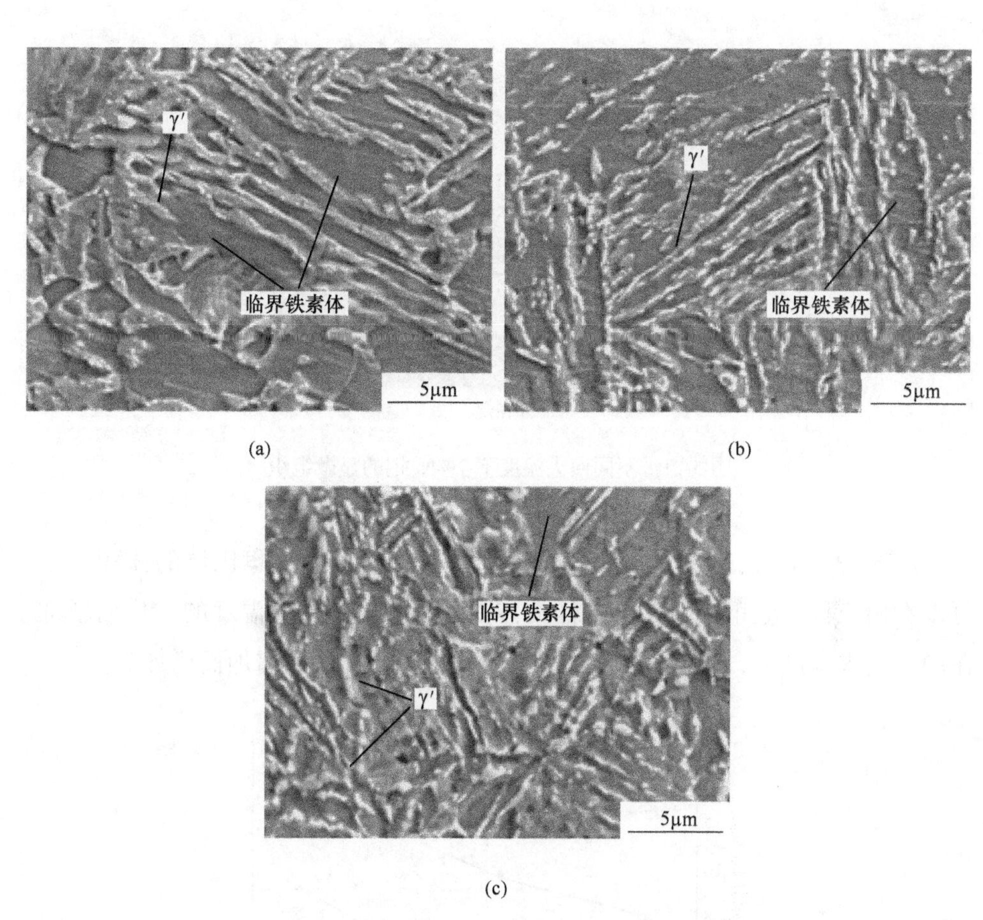

图 5-20 不同回火温度下 5%Ni 钢的 SEM 像

（a）580℃；（b）620℃；（c）640℃

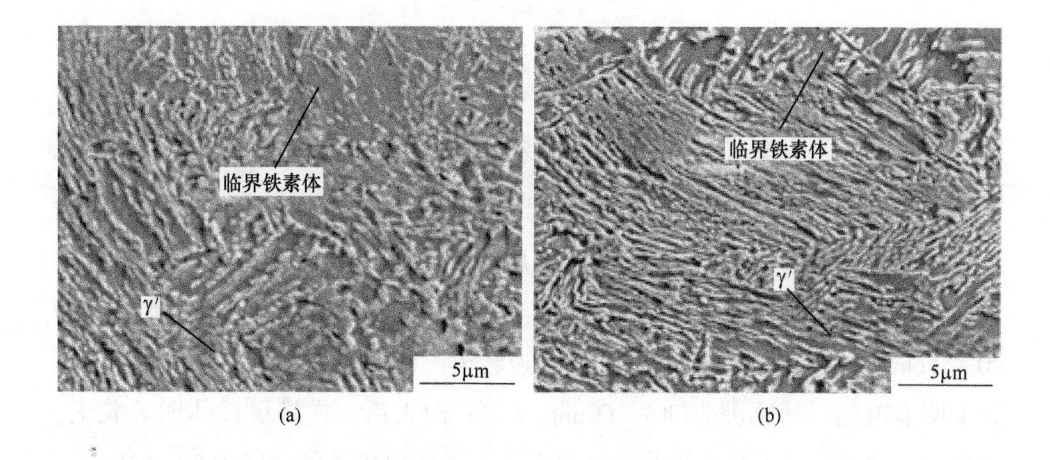

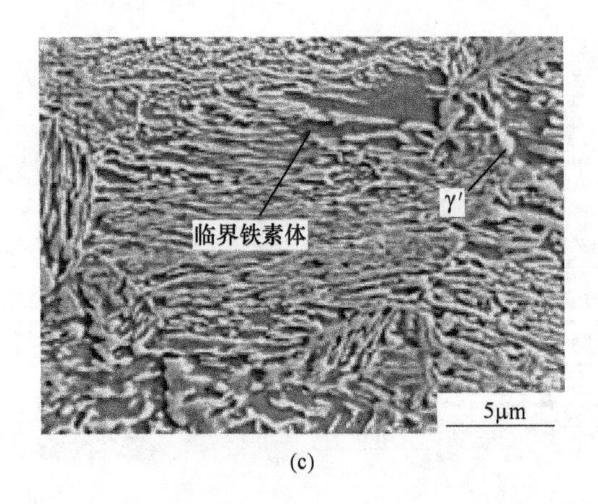

(c)

图 5-21 不同回火温度下 7%Ni 钢的显微组织

(a) 570℃；(b) 600℃；(c) 620℃

图 5-22 示出了 Ni 系低温钢不同回火温度条件下逆转奥氏体的体积分数。可以看出三种实验钢中逆转奥氏体的体积分数均随着回火温度的增加而增加。在同一回火温度下，逆转奥氏体的体积分数随 Ni 含量的增加而增加。

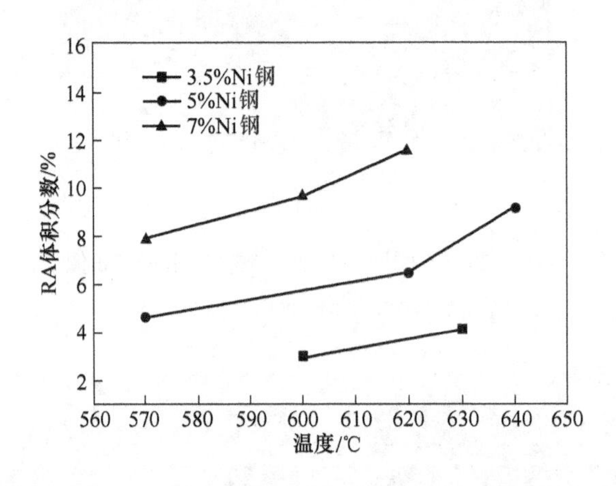

图 5-22 逆转奥氏体体积分数与回火温度的关系

采用 TEM 进一步观察了 Ni 系低温钢不同回火温度条件下逆转奥氏体的形貌和分布，结果如图 5-23 和图 5-24 所示。5%Ni 钢 580℃ 回火试样中逆转奥氏体呈细小针状分布在板条界处，排列方向与相邻的板条相同，其宽度为 20～55nm；回火温度升高到 620℃后，逆转奥氏体形貌和分布变化不大，但是宽度明显增加，其宽度为 30～200nm；640℃ 回火后，逆转奥氏体明显长大，且出现了大尺寸的不规则块状逆转奥氏体，逆转奥氏体的宽度为 30～250nm。

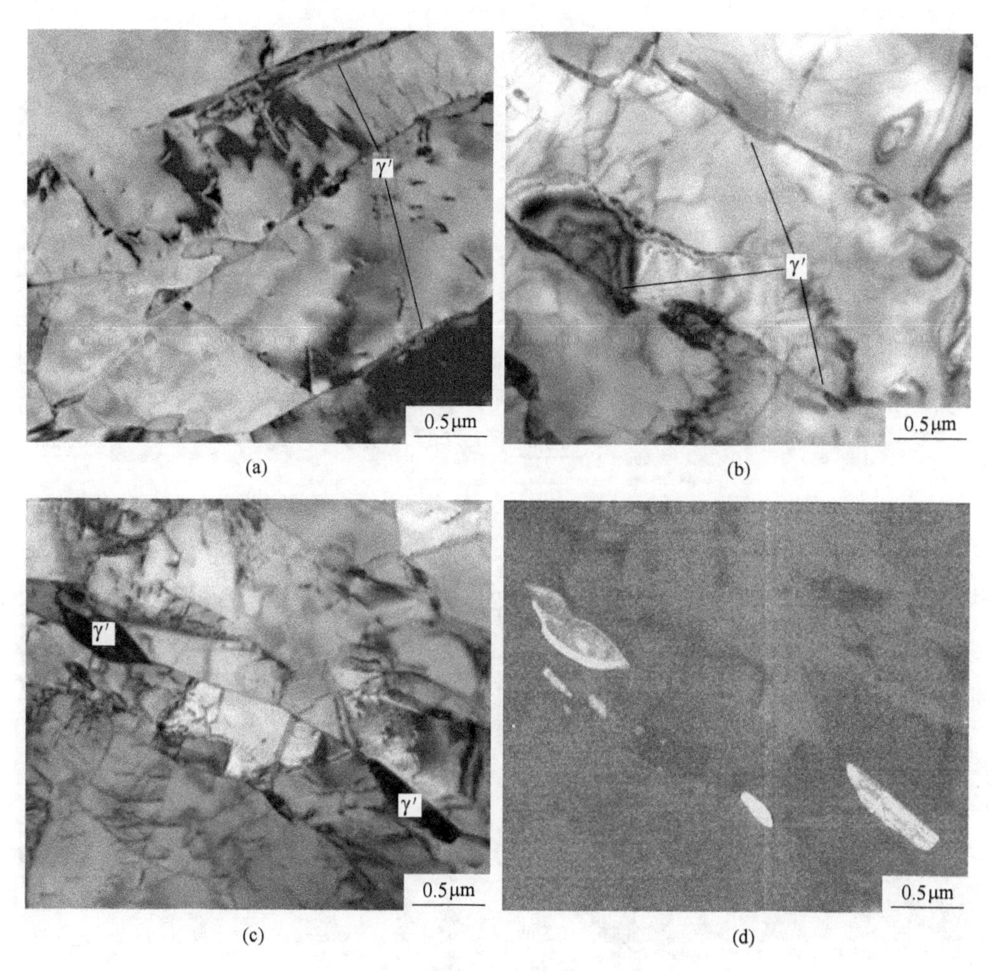

图 5-23 5%Ni 钢不同回火温度试样的 TEM 像

(a) 580℃；(b) 620℃；(c)，(d) 640℃

7%Ni 钢 570℃回火条件下，逆转奥氏体主要呈细小针状分布在马氏体板条间，其长度为 0.1~0.7μm，宽度为 20~70nm；回火温度升高到 600℃时，逆转奥氏体的长度为 0.2~3μm，宽度为 30~130nm；回火温度为 620℃时，逆转奥氏体明显粗化，出现了一些块状逆转奥氏体，逆转奥氏体的长度为 0.2~2μm，宽度为 50~210nm，可以看出针状逆转奥氏体的宽度明显增加，但是长度变化不大。图 5-24（d）为 620℃回火试样中块状逆转奥氏体的形貌，块状逆转奥氏体尺寸为 0.2~0.3μm。由于在相同体积条件下，球体的总界面能最小，因而在回火温度较高或回火时间较长的情况下，针状奥氏体会逐渐向块状转变。

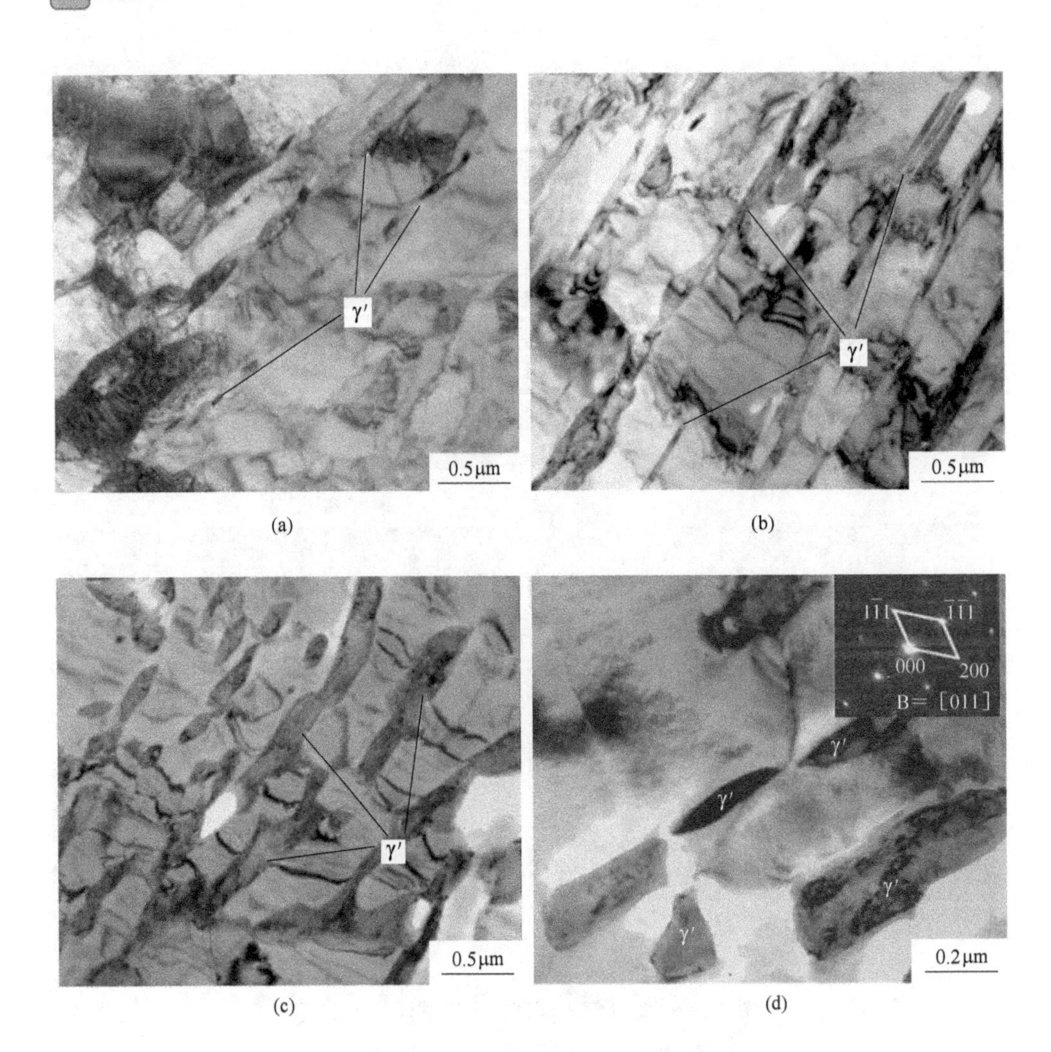

(a) (b) (c) (d)

图 5-24 7%Ni 钢不同回火温度试样的 TEM 像

(a) 570℃；(b) 600℃；(c)，(d) 620℃

随着回火温度的升高，三种 Ni 系低温钢中的逆转奥氏体尺寸均增加。这是因为逆转奥氏体的长大是受扩散过程控制的，回火温度增加使合金元素的扩散速率增加，逆转奥氏体长大速率加快。在相近的回火温度下，Ni 含量较高的实验钢中逆转奥氏体尺寸更大，这与 QT 工艺条件下 Ni 元素对逆转奥氏体的影响规律相似，主要是由于 Ni 增大了 α→γ 的相变驱动力，促进了相变的进行。针状逆转奥氏体的长大主要是沿厚度方向上的，长轴尺寸开始变化不大，当回火温度过高时，长轴尺寸减小，逆转奥氏体向块状转变。王长军等[72]研究了板条间析出的薄膜状奥氏体的长大规律，认为两相区热处理工艺条件下发生了合金元素的第一次配分，导致板条界面两侧基体合金元素浓度存在较大差异，在界面处形核的针状逆转奥氏体倾向于向合金元素浓度高的一侧生长。

多相组织的屈服强度主要由软相决定，而抗拉强度主要由硬相决定。Ni 系低温钢经 TMCP-UFC-LT 处理后组织中回火马氏体为硬相，临界铁素体和逆转奥氏体为软相。逆转奥氏体能够吸收基体中的合金元素，净化基体，逆转奥氏体的含量越多，对基体的净化作用也就越强，基体中合金元素的浓度也越低。随着回火温度的升高，逆转奥氏体含量增加，因此回火马氏体随回火温度的升高而软化；此外，提高回火温度会促进板条的回复与再结晶，使得板条内部位错密度大幅降低。两方面因素的综合作用使得 Ni 系低温钢的屈服强度随回火温度的升高一直下降。抗拉强度随回火温度的增加略微下降，而且当回火温度过高时，抗拉强度反而增加。这是由于回火温度过高时，钢中形成了大量的逆转奥氏体，使得其稳定性下降，在水冷时一部分转变为了新鲜马氏体，使得抗拉强度提高；此外，在拉伸过程中，逆转奥氏体会转变为马氏体，发生 TRIP 效应，进一步提高了钢板的抗拉强度。TRIP 效应可以释放局部应力集中，推迟颈缩的发生，使钢板的伸长率得到改善，因此伸长率随逆转奥氏体含量的增加而增加[55]。

图 5-15 显示不同两相区温度条件下逆转奥氏体含量与低温韧性具有很好的对应关系。但是在不同回火温度条件下，逆转奥氏体含量和低温韧性不具有很好的关联性，例如 5%Ni 钢回火温度由 620℃升高至 640℃时，逆转奥氏体含量由 6.8%增加到 9.2%，但是低温韧性反而由 183J 降低为 60J。这主要是由于 640℃时逆转奥氏体的稳定性下降，在液氮中保温 10min 后，640℃条件下的逆转奥氏体含量降低为 7.8%，大约有 15%的逆转奥氏体在-196℃重新转变为了新鲜马氏体，这种硬而脆的新鲜马氏体与基体塑性形变不相容，易于促进裂纹的萌生和扩展，使得冲击韧性下降。

研究表明 C、Mn、Ni 等奥氏体稳定元素在逆转奥氏体中富集是其具有稳定性的主要原因之一[73,74]。钢中合金元素的含量一定，因此逆转奥氏体体积分数越高，其富集的合金元素含量越低，导致逆转奥氏体稳定性变差。Jimenez-Melero 等[75]认为奥氏体的稳定性不仅与富集的合金元素有关，还与其晶粒尺寸有关，奥氏体晶粒尺寸越大，其转变为马氏体的弹性应变能越小，这增加了逆转奥氏体转变为马氏体的能力，从而使得逆转奥氏体稳定性下降。采用 EBSD（步长为 0.1μm）检测了 600℃和 620℃条件下逆转奥氏体晶粒尺寸分别为 0.22μm 和 0.26μm，620℃时逆转奥氏体的稳定性较差。

5.3.3 讨论

5.3.3.1 3.5%Ni 钢 TMCP-UFC-LT 工艺与常规工艺组织和力学性能对比

表 5-4 示出了 3.5%Ni 钢经不同工艺处理后的力学性能。可以看出，QT 工艺条件下钢板的屈服强度和抗拉强度分别为 455MPa 和 543MPa，伸长率为 32.3%；经 TMCP-UFC-LT 工艺处理后，屈服强度降低了 28MPa，而抗拉强度只降低了 5MPa，钢板的伸长率大幅增加至 35.7%。

表 5-4 QT 和 TMCP-UFC-LT 工艺条件下 3.5%Ni 钢的力学性能

工艺	R_m/MPa	$R_{p0.2}$/MPa	A/%	$R_{p0.2}/R_m$
QT	543	455	32.3	0.84
TMCP-UFC-LT	538	427	35.7	0.79

3.5%Ni 钢经不同工艺处理后的韧脆转变曲线如图 5-25 所示。可以看出，与 QT 工艺相比，TMCP-UFC-LT 工艺明显改善了实验钢的冲击韧性。QT 和 TMCP-UFC-LT 工艺条件下的韧脆转变温度分别为−126℃和−144℃。

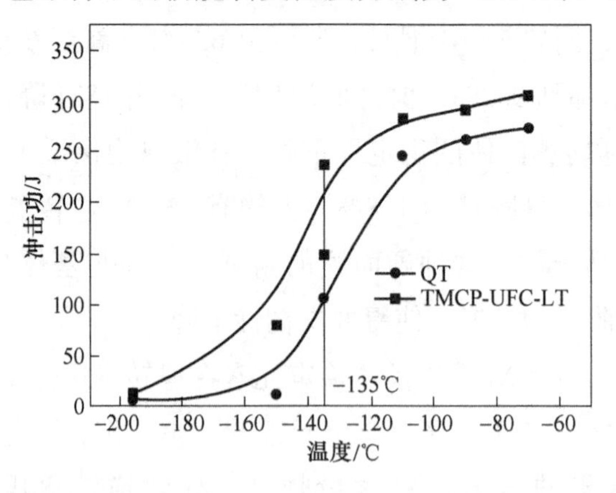

图 5-25 QT 和 TMCP-UFC-LT 工艺条件下 3.5%Ni 钢的韧脆转变曲线

经不同工艺热轧后 3.5%Ni 钢板的金相组织如图 5-26 所示。可以看到，常规轧制+空冷试样的组织为粗大的多边形铁素体和少量珠光体，珠光体沿轧向呈带状分布；TMCP-UFC 工艺条件下组织为细小的板条马氏体和少量粒状贝氏体。经 QT 热处理后 3.5%Ni 钢组织为回火马氏体，TMCP-UFC-LT 工艺处理后组织为回火马氏体、临界铁素体和 3.0%逆转奥氏体。

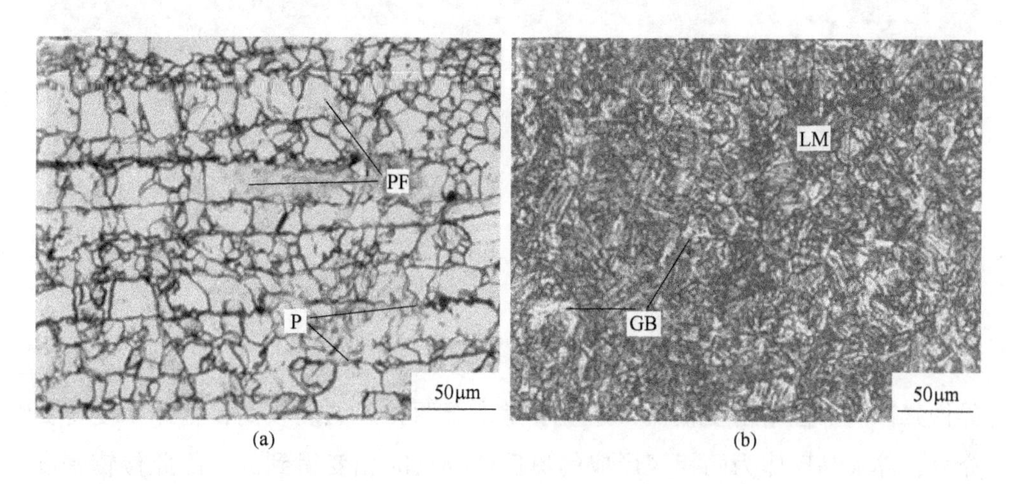

图 5-26　不同热轧工艺条件下的金相组织

（a）常规轧制+空冷；（b）TMCP-UFC

采用 TEM 对不同工艺条件下 3.5%Ni 钢的组织进行了进一步观察，如图 5-27 所示。QT 条件下，边界有大量的渗碳体析出，渗碳体呈片状和颗粒状且尺寸较大。TMCP-UFC-L 工艺处理的试样组织为临界铁素体和淬火马氏体，临

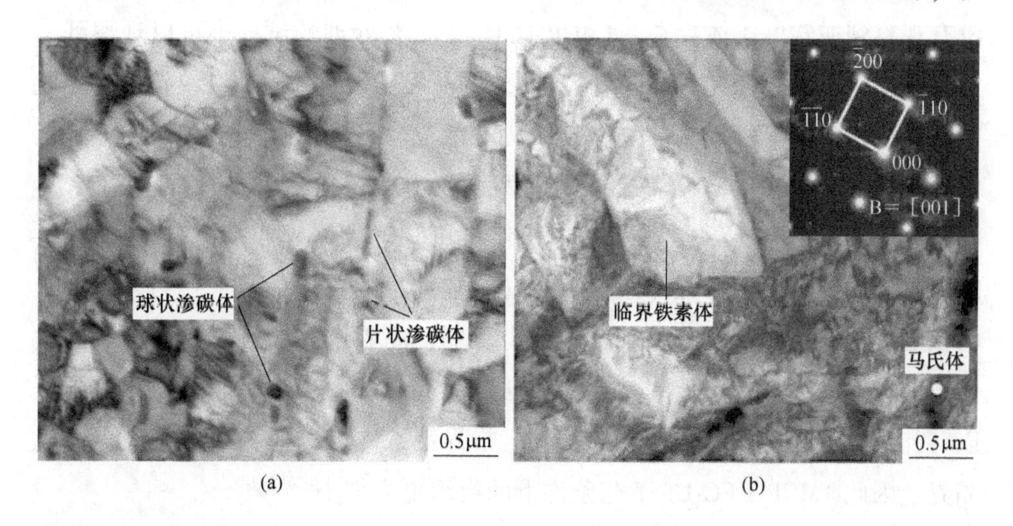

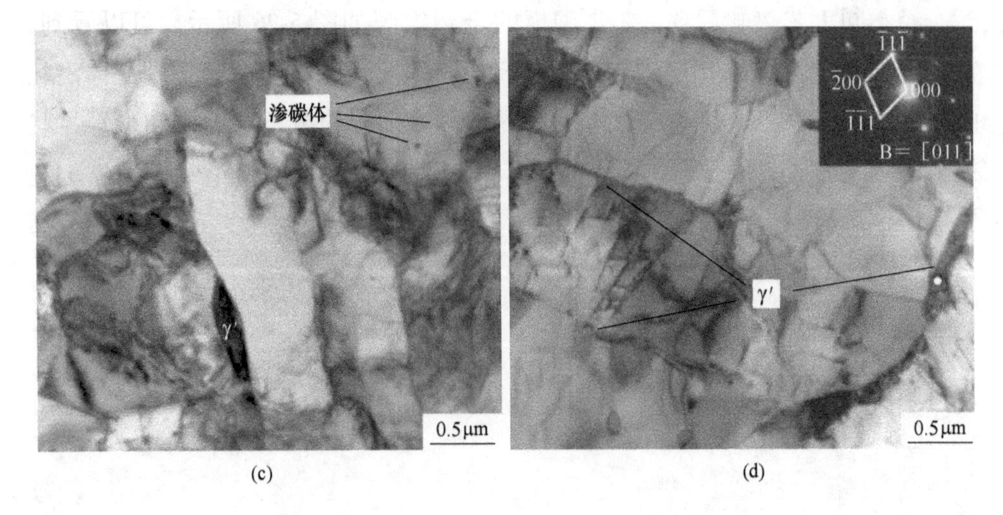

图 5-27 不同工艺条件下 3.5%Ni 钢的 TEM 像

（a）QT；（b）TMCP-UFC-L；（c），（d）TMCP-UFC-LT

界铁素体内部位错密度很低，这主要是由于两相区温度较高，基体回复得更充分，淬火马氏体为两相区形成的奥氏体淬火时相变得到的，因此位错密度较高。TMCP-UFC-LT 工艺处理的试样板条界处基本没有渗碳体存在，在板条内部有少量细小颗粒状的渗碳体，针状逆转奥氏体在板条边界处析出。QT 和 TMCP-UFC-LT 工艺条件下渗碳体的析出密度分别为 8.2 和 1.4μm^{-2}。

图 5-28 示出了不同工艺条件下 3.5%Ni 钢的 Kikuchi 带衬度图（BC）与奥氏体相叠加图，图中红色代表奥氏体相。可以看出，QT 工艺处理的试样中没有观察到逆转奥氏体存在，TMCP-UFC-LT 工艺处理的试样中可以观察到一定量的逆转奥氏体存在。取向差大于 15°的晶界可以有效阻碍裂纹扩展，因此一般将大角度晶界所包围的晶粒定义为有效晶粒。QT 和 TMCP-UFC-LT 工艺条件下 3.5%Ni 钢的有效晶粒尺寸分别为 3.63μm 和 2.78μm，可见 TMCP-UFC-LT 工艺细化了组织。由 5.2 节的结果可知马氏体等非平衡组织加热时，能够得到比铁素体和珠光体组织加热时更加细小的奥氏体晶粒；另外，由于两相区的加热温度较低，原子扩散能力较弱，晶界迁移缓慢，因而形成的奥氏体晶粒较为细小。奥氏体晶粒主要通过晶界迁移而长大，而第二相粒子可以钉扎晶界，阻碍奥氏体晶粒的长大，临界铁素体可以作为第二相质点钉扎晶界，因此 TMCP-UFC-LT 工艺条件下的组织更为细小[76~79]。

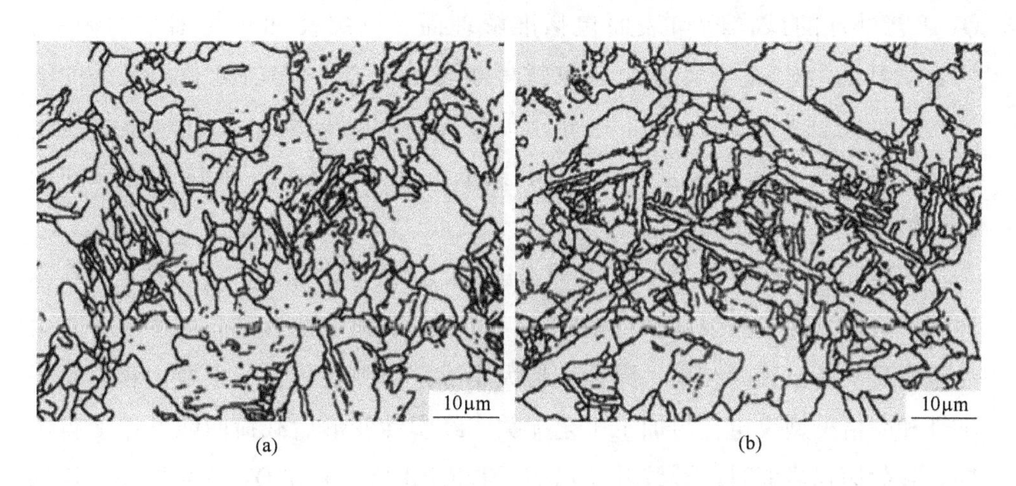

图 5-28 不同工艺条件下 3.5%Ni 钢的 EBSD 图

（a）QT；（b）TMCP-UFC-LT

TMCP-UFC-LT 工艺在两相区热处理时形成了部分硬度很低的临界铁素体，导致钢的强度下降，但是细晶强化的作用最终使屈服强度仍保持较高水平。拉伸过程中逆转奥氏体在载荷作用下会诱发马氏体相变，导致钢的抗拉强度和塑性显著提高，因此两种工艺的抗拉强度相差不大，且 TMCP-UFC-LT 工艺处理的试样伸长率相对更高。

不同工艺条件下冲击试样（测试温度-135℃）的断口形貌如图 5-29 所示。

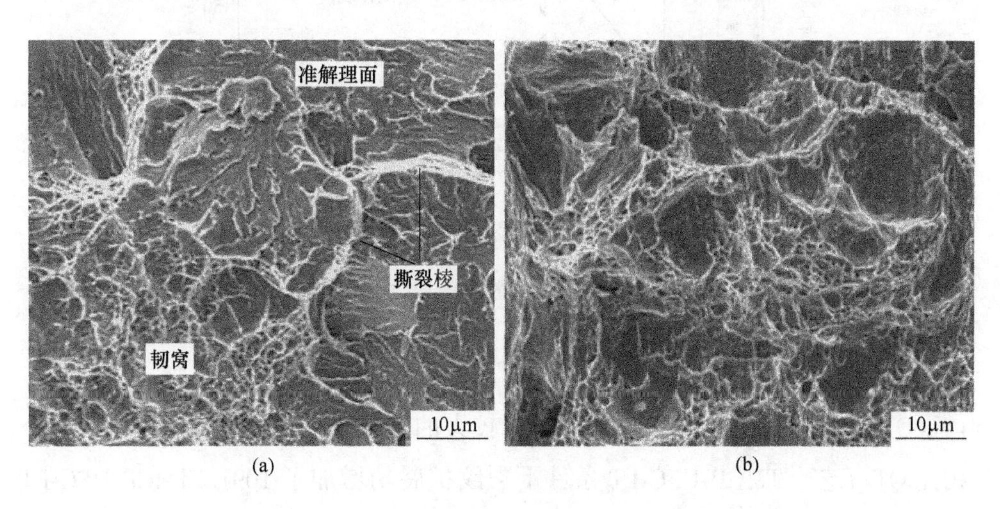

图 5-29 不同工艺条件下-135℃冲击试样的断口形貌

（a）QT；（b）TMCP-UFC-LT

QT 工艺处理的试样断口表面包括准解理面、撕裂棱和一些细小的韧窝，这表明其断裂模式为解理断裂和韧窝断裂的复合。TMCP-UFC-LT 条件下冲击试样为韧窝断口，断口表面分布着大而深的韧窝，表明断裂前发生了较大的塑性变形，因此 TMCP-UFC-LT 条件下 3.5%Ni 钢具有优异的低温韧性。

图 5-30 为 3.5%Ni 钢-135℃冲击试验的示波冲击曲线。可以看出，在弹性变形阶段，两条曲线几乎是重合的，这是由于弹性变形是晶格中原子受力后偏离其平衡位置的结果，弹性变形大小决定于弹性模量，主要由材料原子本性和晶格类型决定，与加工工艺无关。经塑性变形后载荷曲线开始变得不同。载荷达到峰值时，裂纹开始启裂，TMCP-UFC-LT 和 QT 工艺处理试样的裂纹形核功分别为 52J 和 37J。之后，进入裂纹扩展阶段，可以看到 TMCP-UFC-LT 工艺处理试样拥有更宽的裂纹扩展区，说明 TMCP-UFC-LT 工艺条件下的组织具有较好的抵抗裂纹扩展能力。

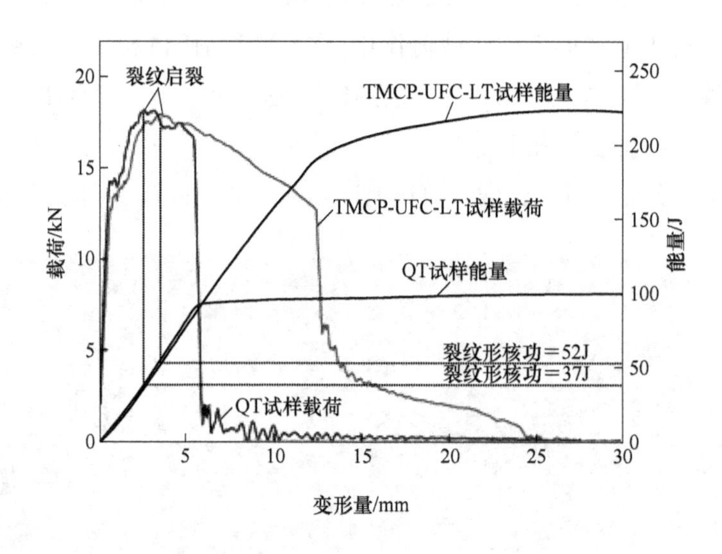

图 5-30 不同工艺条件下的冲击示波曲线

QT 工艺处理试样中存在大量尺寸较大的渗碳体，导致裂纹形核功下降。相比 QT 工艺，TMCP-UFC-LT 条件下裂纹扩展功增加了 109J。TMCP-UFC-LT 工艺细化了有效晶粒尺寸，增加了可以阻碍裂纹扩展的大角度晶界面积，使裂纹扩展路径更加曲折，从而提高了裂纹扩展功；另一方面 TMCP-UFC-LT 工艺条件下形成了3.0%的逆转奥氏体，也有效提高了裂纹扩展功。

5.3.3.2 5%Ni 钢 TMCP-UFC-LT 工艺与常规 QT 和 QLT 工艺对比

不同工艺获得的5%Ni 钢板的力学性能如表 5-5 所示。可以看到，QT 工艺条件下，5%Ni 钢的抗拉强度为 613MPa，屈服强度为 529MPa；QLT 工艺处理的 5%Ni 钢的抗拉强度降为 583MPa，屈服强度降为 462MPa；而 TMCP-UFC-LT 工艺条件下 5%Ni 钢的屈服强度较 QLT 工艺增加了 29MPa，抗拉强度增加了 25MPa。与 QT 工艺相比，QLT 和 TMCP-UFC-LT 工艺处理的 5%Ni 钢的伸长率显著增加。

表 5-5 QT 和 TMCP-UFC-LT 工艺条件下 5%Ni 钢的力学性能

工艺	R_m/MPa	$R_{p0.2}$/MPa	A/%	$R_{p0.2}/R_m$
QT	529	613	27	0.86
QLT	462	583	35	0.79
TMCP-UFC-LT	491	608	34	0.81

经不同热处理工艺处理后 5%Ni 钢在不同温度下的冲击功如图 5-31 所示。QLT 与 TMCP-UFC-LT 工艺处理的试样在-196℃冲击功分别高达 199J 和 185J，表明实验钢在-196℃以上没有发生韧脆转变现象；而 QT 工艺处理试样在-196℃冲击功仅为 34J，韧脆转变温度约为-156℃。

5%Ni 钢的 BC 与奥氏体相叠加图如图 5-32 所示，EBSD 步长为 0.05μm。QT 工艺处理试样中只含有极少量的块状逆转奥氏体，主要分布在原奥氏体晶界及马氏体板条束界等大角度晶界处。相反，在 QLT 及 TMCP-UFC-LT 工艺处理试样中逆转奥氏体含量明显增加且分布更加均匀，逆转奥氏体呈现两种形态，一种为在原奥氏体晶界或板条束界处析出的不规则块状逆转奥氏体，另一种为分布在马氏体板条之间的针状逆转奥氏体。

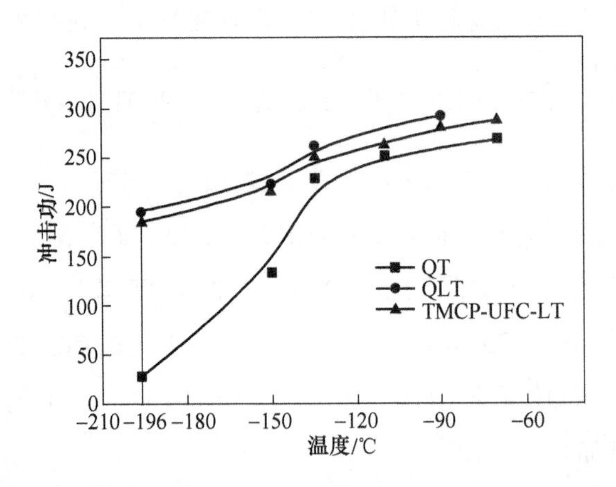

图 5-31 不同热处理工艺条件下 5%Ni 钢的韧脆转变曲线

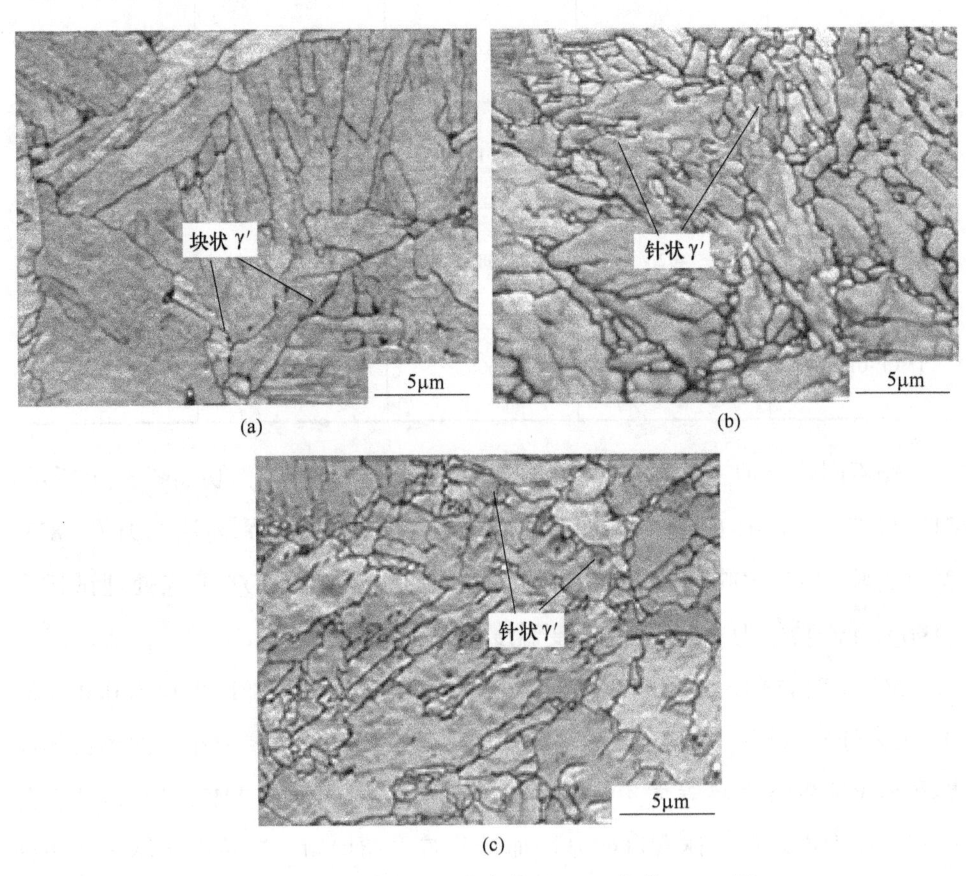

图 5-32 不同热处理工艺条件下 5%Ni 钢的 EBSD 图

(a) QT; (b) QLT; (c) TMCP-UFC-LT

不同工艺条件下逆转奥氏体尺寸分布如图 5-33 所示。可以看出，三种工艺下的逆转奥氏体晶粒尺寸大多在 0.3μm 以下，QLT 工艺条件下大尺寸逆转奥氏体较多。QT、QLT 及 TMCP-UFC-LT 工艺条件下逆转奥氏体平均晶粒尺寸分别为 0.135μm、0.177μm 和 0.162μm。采用 XRD 测得 QT、QLT 及 TMCP-UFC-LT 处理试样中逆转奥氏体的体积分数分别为 1.93%、6.98% 和 5.83%。

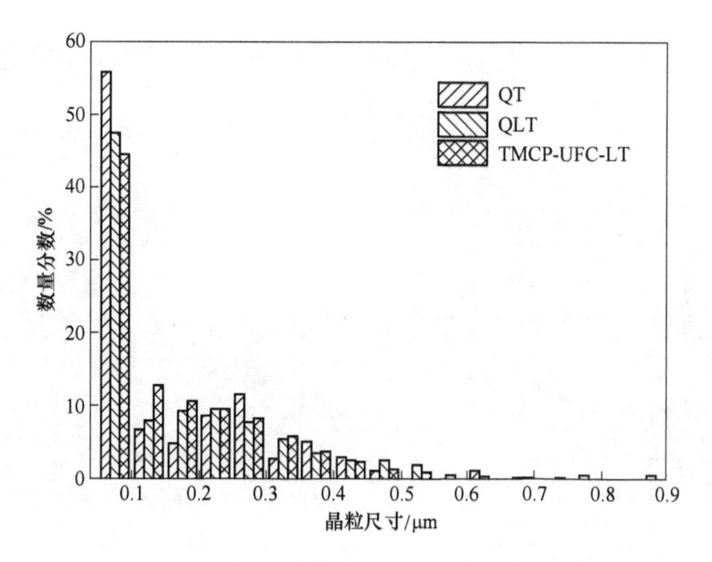

图 5-33　不同工艺条件下逆转奥氏体晶粒尺寸分布

采用 TEM 对 QT、QLT 及 TMCP-UFC-LT 工艺处理试样的组织进行了进一步观察，如图 5-34 所示。经高温回火后 QT 处理试样中板条边界上有片状析出物，其宽度为 40~70nm，长度为 110~220nm，选区衍射花样表明片状析出物为渗碳体，此外在板条内部还有大量直径小于 20nm 的球状渗碳体分布。QT 工艺处理试样内的逆转奥氏体多呈不规则块状分布在原奥氏体晶界处，其长轴尺寸约为 400nm。QLT 工艺处理试样内逆转奥氏体大多呈针状分布在马氏体板条界处，可以看到逆转奥氏体沿一定方向排列，平均宽度为 120~160nm，从逆转奥氏体和基体的选区衍射花样可以得知，针状逆转奥氏体与基体的取向关系为 K-S 关系：$[\bar{1}\bar{1}1]//[10\bar{1}]$ 。TMCP-UFC-LT 工艺处理试样内逆转奥氏体也大多呈针状分布在马氏体板条界处且平均宽度为 80~100nm，可见 TMCP-UFC-LT 工艺处理试样中逆转奥氏体的宽度较小，选区衍射花样表明逆转奥氏体与基体的取向关系同样为K-S关系：[$\bar{1}\bar{1}1$]//[$10\bar{1}$]。QT处理试样中逆转奥氏体含量较少且分布不均匀，由于长距离扩散较难，基体中C含量仍较高，因此基体上仍然有大量的渗碳体析出。而QLT与TMCP-UFC-LT处理试样组织中逆转奥氏体含量较多且分布均匀，大量的C原子从基体偏聚到逆转奥氏体中，因此QLT和TMCP-UFC-LT工艺处理试样组织中基本没有渗碳体存在。

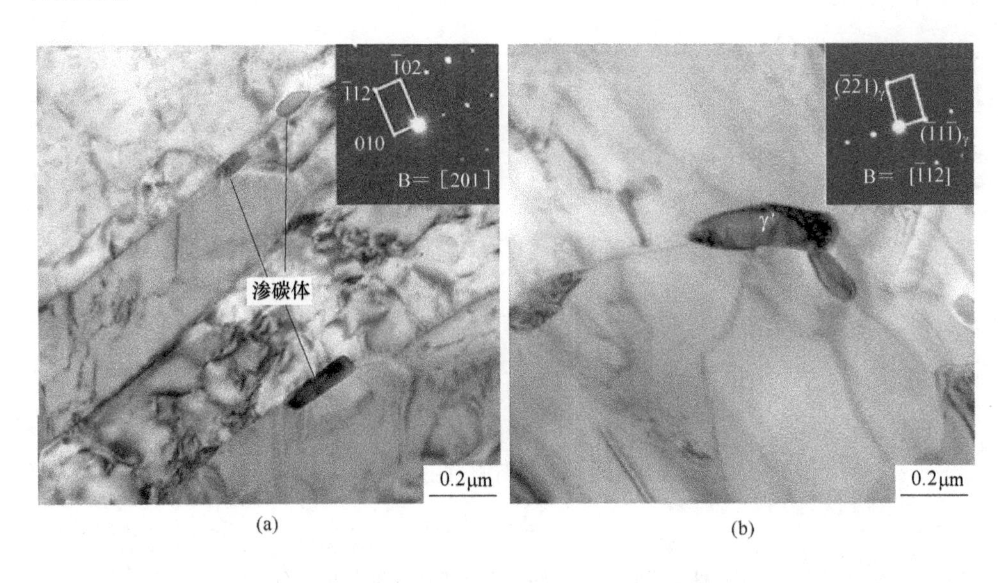

(a) (b)

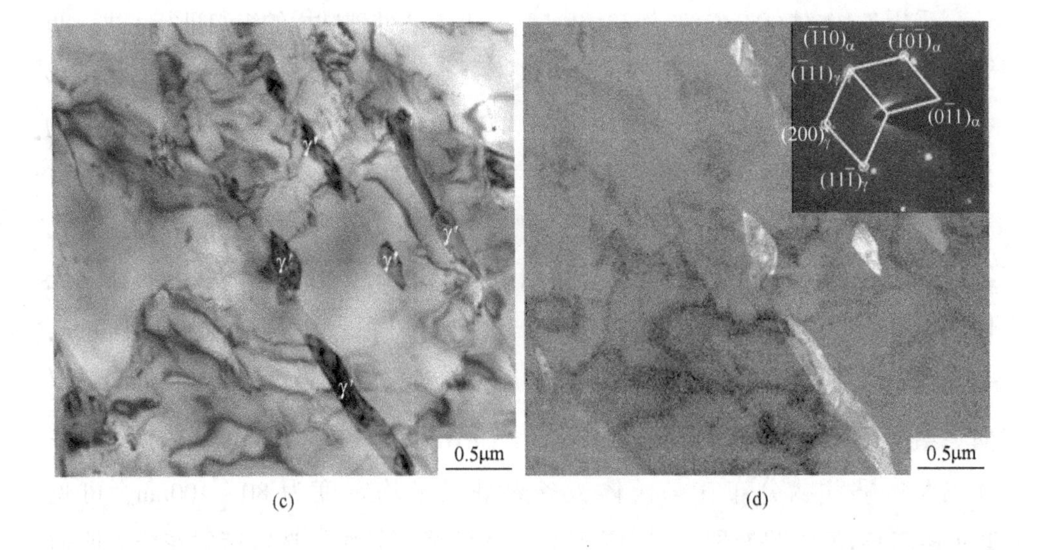

(c) (d)

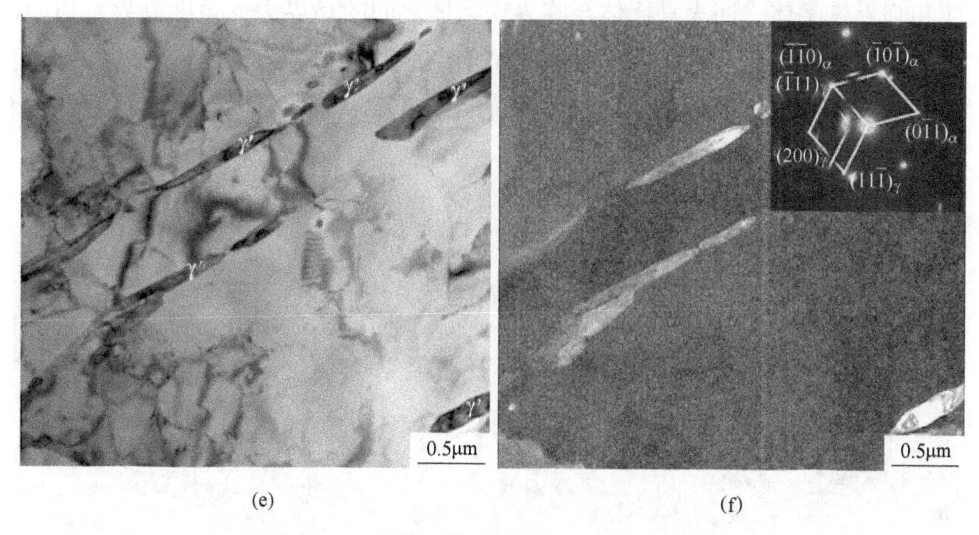

(e) (f)

图 5-34 不同工艺条件下 5%Ni 钢的 TEM 像

(a)，(b) QT；(c)，(d) QLT；(e)，(f) TMCP-UFC-LT

表 5-6 示出了不同工艺条件下 5%Ni 钢中逆转奥氏体中 C、Mn、Ni 元素的质量分数。对于 QLT 和 TMCP-UFC-LT 工艺，在两相区保温过程中，合金元素会在基体和奥氏体中进行第一次配分，形成富合金元素的奥氏体和贫合金元素的临界铁素体，经水淬后奥氏体又重新相变为马氏体，在随后的回火过程中逆转奥氏体沿富合金元素的马氏体板条界析出，同时板条内的合金元素只需较短的距离就可以偏聚于逆转奥氏体中，完成合金元素的第二次配分。这使得 QLT 和 TMCP-UFC-LT 工艺条件下合金元素的富集程度高于 QT 工艺条件下。

表 5-6 不同热处理工艺条件下逆转奥氏体中 C、Mn、Ni 元素的质量分数

工艺	C	Mn	Ni
QT	0.61	1.75	7.93
QLT	0.71	2.11	9.72
TMCP-UFC-LT	0.73	2.19	9.56

图 5-35 示出了实验钢的奥氏体相与晶界分布叠加图，EBSD 步长为 0.2μm。可以看出，经 QT 热处理后 5%Ni 钢组织保留着马氏体板条结构，原奥氏体被板条束所分割，板条束又被大量取向相近的板条分割，其中板条束界为大角度晶界。QLT 及 TMCP-UFC-LT 热处理后，5%Ni 钢组织为回火马氏

体和临界铁素体，回火马氏体与临界铁素体之间的晶界为大角度晶界。与 QT 工艺处理试样相比，QLT 及 TMCP-UFC-LT 工艺处理试样的小角度晶界较少，大角度晶界较多。QT、QLT 及 TMCP-UFC-LT 工艺处理试样大角度晶界比例分别为 44%、64%和 62%。

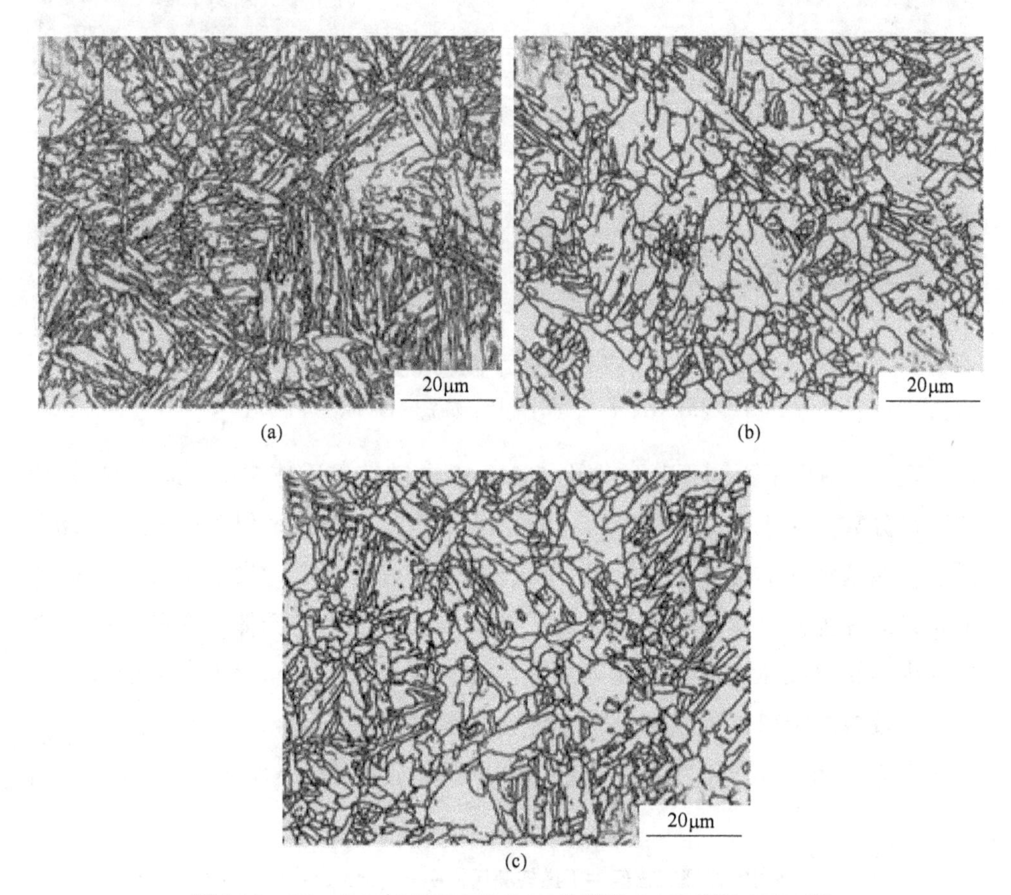

(a) (b) (c)

图 5-35 QT、QLT 与 TMCP-UFC-LT 处理后 5%Ni 钢的 EBSD 图
(a) QT；(b) QLT；(c) TMCP-UFC-LT

TMCP-UFC-LT 工艺条件下 5%Ni 钢的屈服强度和抗拉强度高于 QLT 工艺，但是伸长率略低。一方面 TMCP-UFC-LT 工艺条件下逆转奥氏体含量略低，因此对基体的净化程度也略低于 QLT 工艺，这使得其强度较高但是伸长率略低；另一方面 TMCP-UFC-LT 工艺在轧制过程中采用低温控轧，奥氏体晶粒在未再结晶区受到反复变形而被压扁，在奥氏体内部产生了高密度位错和大量变形带。采用控制轧制和在线淬火生成的马氏体组织比离线淬火的组织

具有更高密度的位错[80,81]。离线淬火时位错主要通过马氏体转变时发生体积膨胀而产生；而控制轧制和在线淬火中除相变产生的位错外，还继承了奥氏体低温轧制时产生的变形位错。马氏体相变的形核为非均匀形核，其促发因素与位错、层错等晶体缺陷有关，所以低温控轧+UFC 工艺获得的板条马氏体更为细小，之后经亚温淬火和回火热处理得到细小的回火马氏体晶粒。因此 TMCP-UFC-LT 工艺处理的 5%Ni 钢具有较高的强度。

不同热处理工艺条件下 5%Ni 钢在-196℃的冲击断口形貌如图 5-36 所示。QT 工艺处理的 5%Ni 钢断口上有河流花样，并且具有塑性变形产生的撕裂棱，由于塑性变形较小，撕裂棱上的等轴韧窝尺寸很小，表现为典型的准解

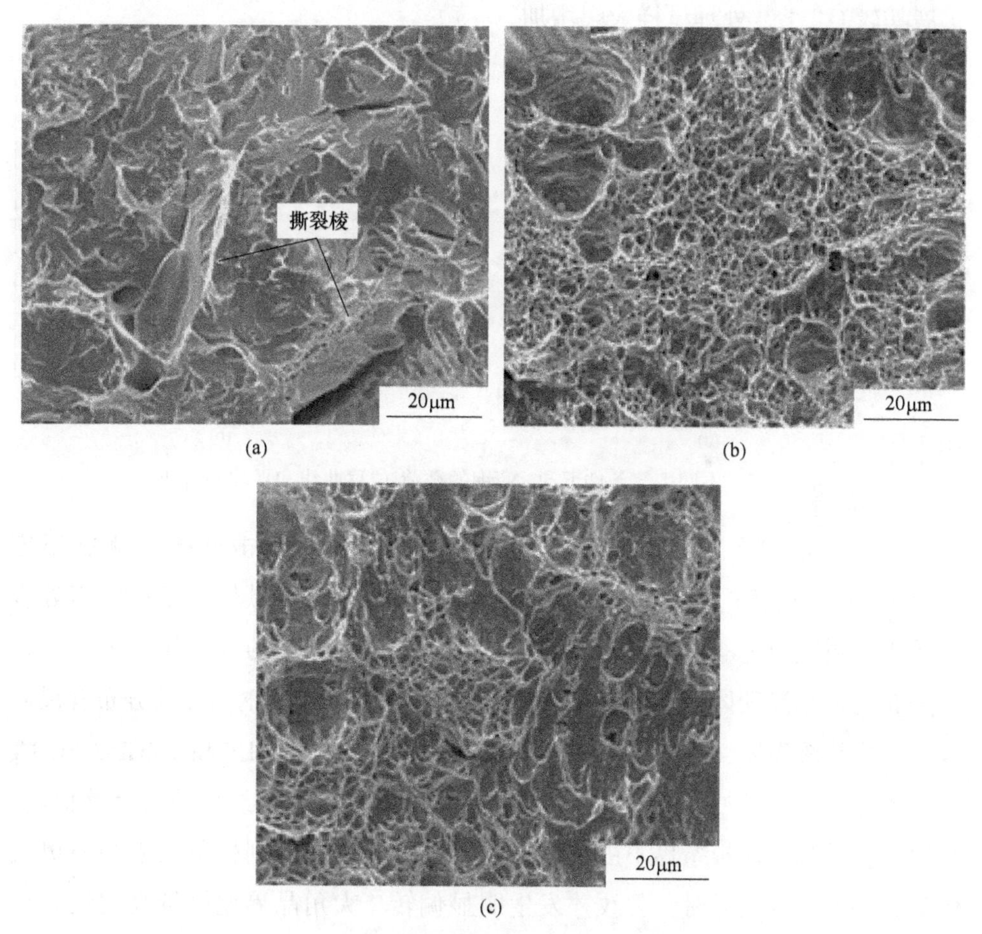

图 5-36 不同工艺条件下-196℃冲击试样的断口形貌

(a) QT；(b) QLT；(c) TMCP-UFC-LT

理断裂。QLT与TMCP-UFC-LT工艺处理试样断口表面均匀分布着大量的等轴韧窝，表明试样在断裂前发生了较大的塑性变形，消耗大量的能量，因此QLT与TMCP-UFC-LT工艺处理试样具有较好的低温韧性。

实验钢在-196℃的载荷-位移曲线如图5-37（a）所示。TMCP-UFC-LT工艺处理试样的峰值载荷略高于QLT工艺处理试样，这是因为TMCP-UFC-LT工艺处理试样强度较高；QT工艺处理试样载荷曲线上无明显塑性变形段，而且一旦形成裂纹就迅速断裂。图5-37（b）给出了不同热处理状态下实验钢在-196℃的冲击试验结果。QT工艺处理试样裂纹形核功和裂纹扩展功分别为23J和11J，说明其塑性变形能力较差；QLT与TMCP-UFC-LT工艺处理试样扩展功较QT工艺处理试样大幅增加。

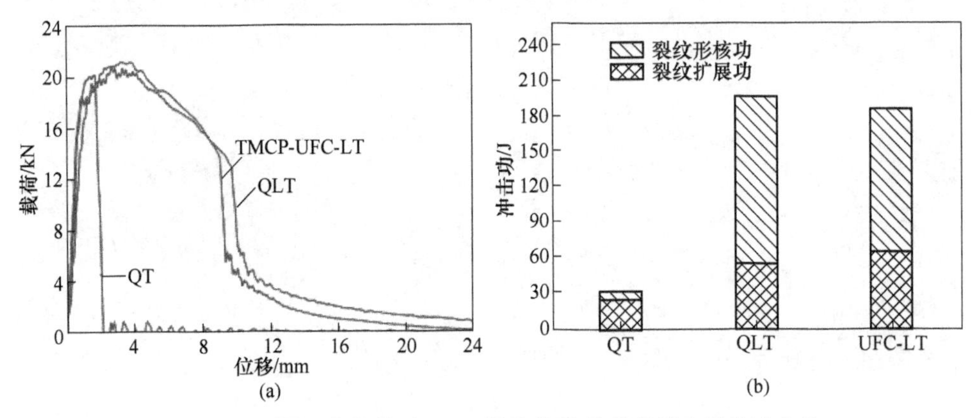

图5-37 不同工艺条件下5%Ni钢的载荷-位移曲线和平均冲击功

图5-38示出了不同热处理工艺条件下5%Ni钢冲击试样（测试温度-196℃）断口表面下方的组织。具有尖锐棱角的片状渗碳体与基体界面处容易成为微裂纹萌生的地点，粗大或片状的渗碳体对韧性的危害作用远大于弥散分布的细小渗碳体。TEM像显示QT工艺处理的5%Ni钢晶界处分布着尺寸较大的棒状渗碳体，这将导致裂纹形核功明显降低，而QLT和TMCP-UFC-LT工艺条件下，晶界处的棒状渗碳体溶解消失，因而使得裂纹形核功显著提高。小取向差的马氏体板条界不能阻碍裂纹的扩展，只有遇到板条束界和原奥氏体晶界等大角度晶界时，裂纹才发生明显偏转。大角晶界比例越高裂纹转折越多，裂纹扩展过程中消耗的能量就越多[82]。对于QT工艺处理试样，一方面大角度晶界的比例较低，使得裂纹扩展过程中遇到的阻碍较少；另一方面

大角度晶界处分布的渗碳体还会弱化晶界对裂纹的抵抗力，使得裂纹扩展功显著降低。

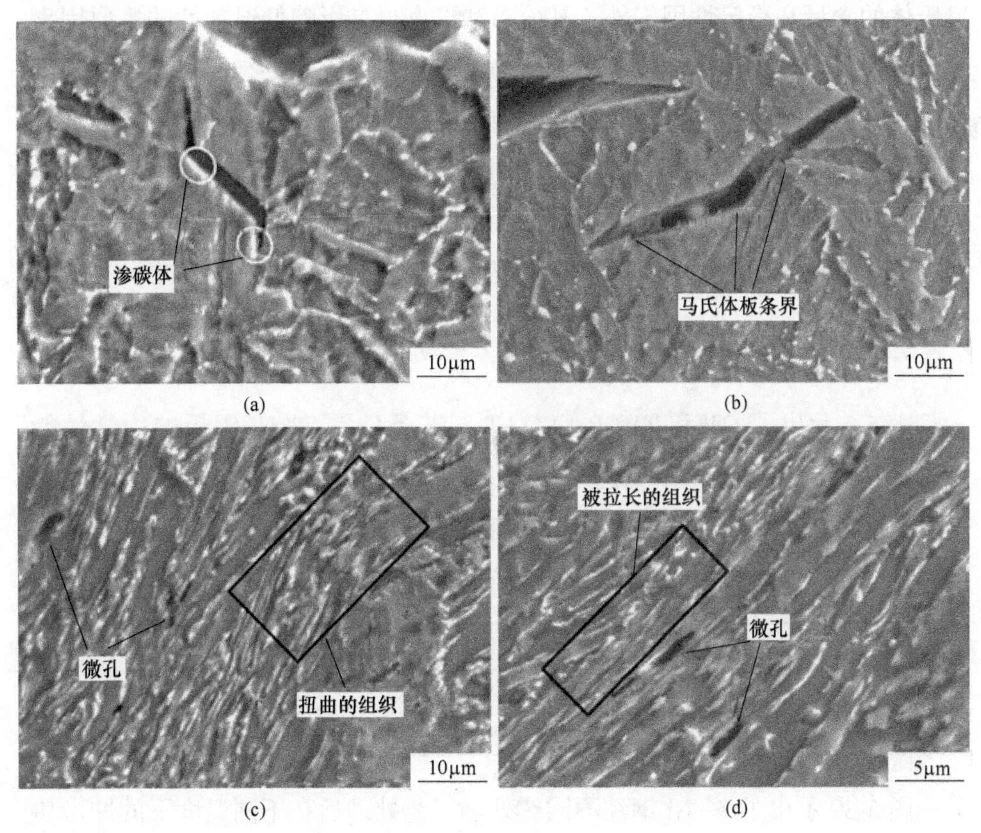

图 5-38 不同工艺条件下 5%Ni 钢冲击断口附近的 SEM 像

(a)，(b) QT；(c) QLT；(d) TMCP-UFC-LT

在冲击过程中，裂纹尖端存在明显的应力集中，当应力超过基体的屈服强度时，基体将发生塑性变形，于是在裂纹尖端产生塑性变形区，从而使裂纹尖端的应力松弛。塑性变形区的形成可以显著提高材料的冲击韧性，这一方面是因为基体发生塑性变形将消耗大量能量，另一方面基体组织发生塑性变形可以松弛裂纹尖端应力集中，阻碍裂纹扩展。从图 5-38 中还可以看出，QT 工艺处理试样在裂纹转折处未发现明显的塑性变形，呈现较差的抗裂纹扩展能力，这主要是由于基体组织的解理断裂强度低于屈服强度，在应力作用下，在未发生塑性变形的情况下即发生断裂；QLT 和 TMCP-UFC-LT 工艺处理试样基体组织被拉长和扭曲，发生较大的塑性变形，因而 QLT 和 TMCP-UFC-

LT 工艺条件下裂纹扩展功较高。

前面提到逆转奥氏体可以有效阻碍裂纹扩展，提高裂纹扩展功，除逆转奥氏体的含量和稳定性因素外，其分布和形态也是影响低温韧性的重要因素。相较于块状逆转奥氏体，板条间分布的针状逆转奥氏体更有利于韧性的提高，这主要是由于针状逆转奥氏体分布更加均匀，使裂纹扩展路径更加曲折，提高了裂纹扩展功。QT 工艺处理试样中逆转奥氏体主要沿大角度晶界析出，对裂纹扩展功影响不大；QLT 和 TMCP-UFC-LT 工艺处理试样中逆转奥氏体主要沿马氏体板条界析出，可以更有效阻碍裂纹扩展，提高裂纹扩展功。

5.3.3.3 7%Ni 钢 TMCP-UFC-LT 工艺与常规 QT 工艺对比

表 5-7 示出了 QT 和 TMCP-UFC-LT 工艺条件下 7%Ni 钢板的力学性能。可以看到，TMCP-UFC-LT 工艺处理钢板屈服强度与 QT 工艺的相近，抗拉强度比 QT 工艺条件下高 63MPa，伸长率高 3.1%。

表 5-7 QT 和 TMCP-UFC-LT 工艺条件下 7%Ni 钢的力学性能

工艺	R_m/MPa	$R_{p0.2}$/MPa	A/%	$R_{p0.2}/R_m$
QT	572	642	27.3	0.88
TMCP-UFC-LT	571	705	30.2	0.81

图 5-39 示出了 7%Ni 钢经不同热处理工艺处理后在不同温度下的冲击功。可以看出，TMCP-UFC-LT 工艺处理试样的冲击功在测试温度范围内几乎没有变化，而 QT 工艺处理试样的冲击功随测试温度的降低而减小。TMCP-UFC-

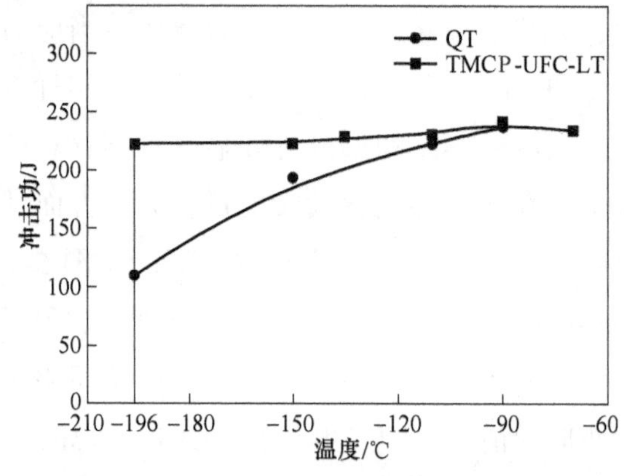

图 5-39 QT 和 TMCP-UFC-LT 试样的韧脆转变曲线

LT 工艺处理试样在-196℃冲击功为 215J，相对于 QT 工艺处理试样增加了近一倍。QT 工艺处理的 7%Ni 钢组织为回火马氏体和约 4.4%的块状逆转奥氏体，TMCP-UFC-LT 工艺处理的 7%Ni 钢组织为回火马氏体、临界铁素体和约 10.3%的逆转奥氏体。

图 5-40 示出了 TMCP-UFC-LT 工艺处理试样中逆转奥氏体的形貌以及 EDS 元素面扫描图。逆转奥氏体大多呈针状分布在板条界处，相邻的逆转奥氏体具有相似的晶体取向。对图 5-40（a）白色方框内进行了 STEM-EDS 分析，可以看出 Ni 和 Mn 元素在逆转奥氏体中富集，而 Fe 元素在基体中富集，这表明在回火过程中 C、Mn 和 Ni 元素从基体向奥氏体扩散，使逆转奥氏体中富集合金元素，提高了逆转奥氏体的热稳定性，同时基体中合金元素含量

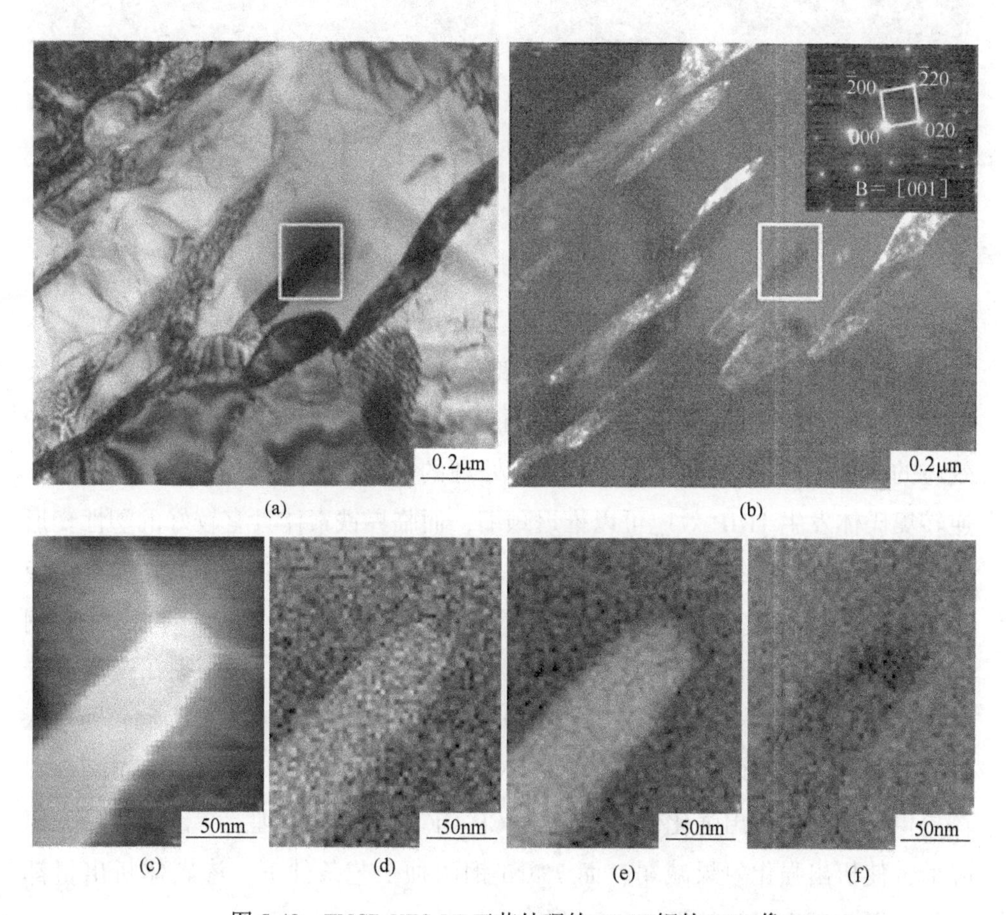

图 5-40　TMCP-UFC-LT 工艺处理的 7%Ni 钢的 TEM 像

(a)，(c) 明场像；(b) 暗场像；(d) Mn 元素分布；(e) Ni 元素分布；(f) Fe 元素分布

减少，使基体硬度下降，当施加应力时，容易发生塑性变形，缓解应力集中，阻碍裂纹进一步扩展。

图5-41示出了7%Ni钢奥氏体相与晶界分布叠加图，其中EBSD的步长为0.2μm。可以看出，TMCP-UFC-LT热处理后，组织中逆转奥氏体的含量显著增加，且分布更加均匀。QT和TMCP-UFC-LT工艺条件下实验钢的有效晶粒尺寸分别为2.6μm和1.4μm。

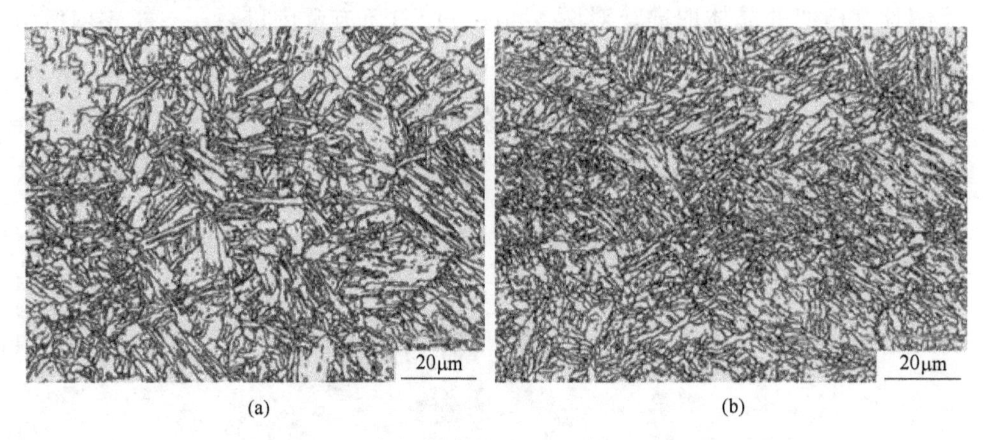

图5-41 不同工艺条件下7%Ni钢的EBSD图
(a) QT；(b) TMCP-UFC-LT

TMCP-UFC-LT工艺条件下生成了部分强度较低的临界铁素体和逆转奥氏体，但是由于细晶强化的作用使得其屈服强度并没有降低。同时，由于TRIP效应的强化作用，TMCP-UFC-LT工艺处理的7%Ni钢的抗拉强度显著提高。逆转奥氏体发生TRIP效应可以推迟颈缩，而临界铁素体具有较好的塑性变形能力，可以松弛裂纹尖端的应力集中，因此逆转奥氏体和临界铁素体组织使TMCP-UFC-LT工艺处理的7%Ni钢具有更高的伸长率。3.5%Ni钢和5%Ni钢经TMCP-UFC-LT处理后屈服强度较QT工艺都有所下降，而7%Ni钢两种工艺条件屈服强度相差不大，这是由于3.5%Ni钢和5%Ni钢组织中临界铁素体的比例较高，且QT工艺条件下3.5%Ni钢和5%Ni钢组织中弥散分布的渗碳体提供了显著的析出强化效果，经TMCP-UFC-LT工艺处理后渗碳体数量大幅降低，使析出强化效果减弱，而7%Ni钢两种工艺条件下，渗碳体析出量都较少，因此析出强化效果变化不大。

7%Ni钢在-196℃的示波冲击曲线如图5-42所示。可以看出，TMCP-

UFC-LT 工艺处理试样的裂纹形核功为 49J，与 QT 工艺处理试样相比仅提高了 11J，而裂纹扩展功提高了 95J，说明 TMCP-UFC-LT 工艺条件下显微组织具有更好的抵抗裂纹扩展能力。根据前面的分析可知，TMCP-UFC-LT 工艺细化了有效晶粒，因此裂纹扩展过程中需要穿过更多大角度晶界，从而提高了裂纹扩展功；另一方面大量针状逆转奥氏体的形成也使裂纹扩展功增加。

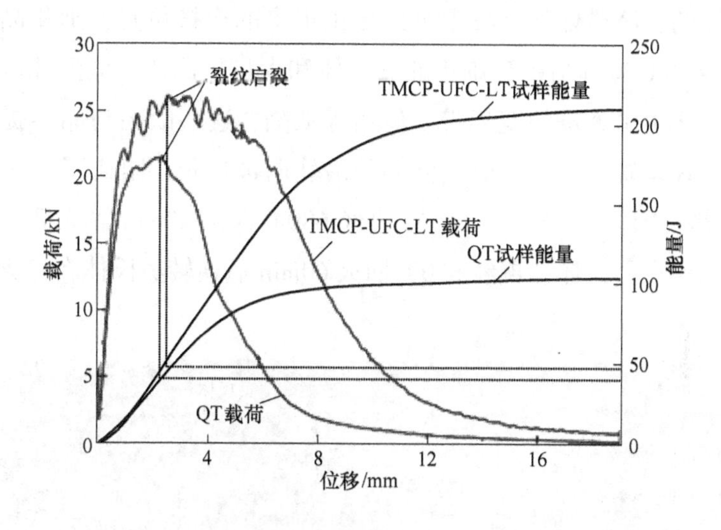

图 5-42 不同工艺条件下的示波冲击曲线

综上所述，相对于 QT 工艺，采用 TMCP-UFC-LT 工艺热处理的钢板组织得到细化；逆转奥氏体含量增加且分布更加弥散，基体净化程度增加，提高了基体的塑性形变能力；逆转奥氏体形态由块状变为针状且以板条间析出为主，此类逆转奥氏体受周围板条的阻碍不易发生马氏体相变，必须施加更大的力才会发生相变，并且相变后的马氏体与周围板条具有不同的取向，细化了有效晶粒，使针状逆转奥氏体可以更好地阻碍裂纹扩展。因此 TMCP-UFC-LT 工艺热处理后低温韧性显著增加。

TMCP-UFC-LT 工艺处理的 3.5%Ni 钢在-135℃的冲击功为 237J，达到了 5%Ni 钢水平；5%Ni 钢和 7%Ni 钢在-196℃的冲击功分别为 185J 和 222J，达到了 9%Ni 钢水平。这说明可以采用 3.5%Ni 钢替代 LEG 储运用 5%Ni 钢，采用 5%Ni 钢和 7%Ni 钢替代 LNG 储运用 9%Ni 钢，使 Ni 合金的添加减少，节约成本，实现 LEG 和 LNG 储运用钢的升级。但是 Ni 含量减少将使钢的强度下降，可以添加适量的 Cr 和 Mo 元素提高低 Ni 钢的强度。

5.4 逆转奥氏体的形成机制

图 5-43 示出了 5%Ni 钢 TMCP-UFC-LT 热处理过程中不同阶段的显微组织。可以看出，5%Ni 钢经低温控轧后得到了细小的原奥氏体晶粒，奥氏体晶粒沿轧向被拉长，长短轴比约为 3.4，这增加了单位体积中奥氏体的晶界面积，在后续两相区热处理过程中可以提供更多的形核位置，细化晶粒。热轧后的钢板经 UFC 冷却后得到细小的马氏体和少量贝氏体。低温轧制时，奥氏体晶粒内部产生了大量的变形带、位错等缺陷，这些缺陷与晶界提供了更多的马氏体形核位置。另外，奥氏体晶粒沿轧向被拉长，阻碍了马氏体板条贯穿晶界，使马氏体板条变短。5%Ni 钢经 680℃保温 40min 淬火后，组织为临界铁素体和淬火马氏体，再经 620℃回火 60min 后逆转奥氏体在淬火马氏体板条界形核长大。

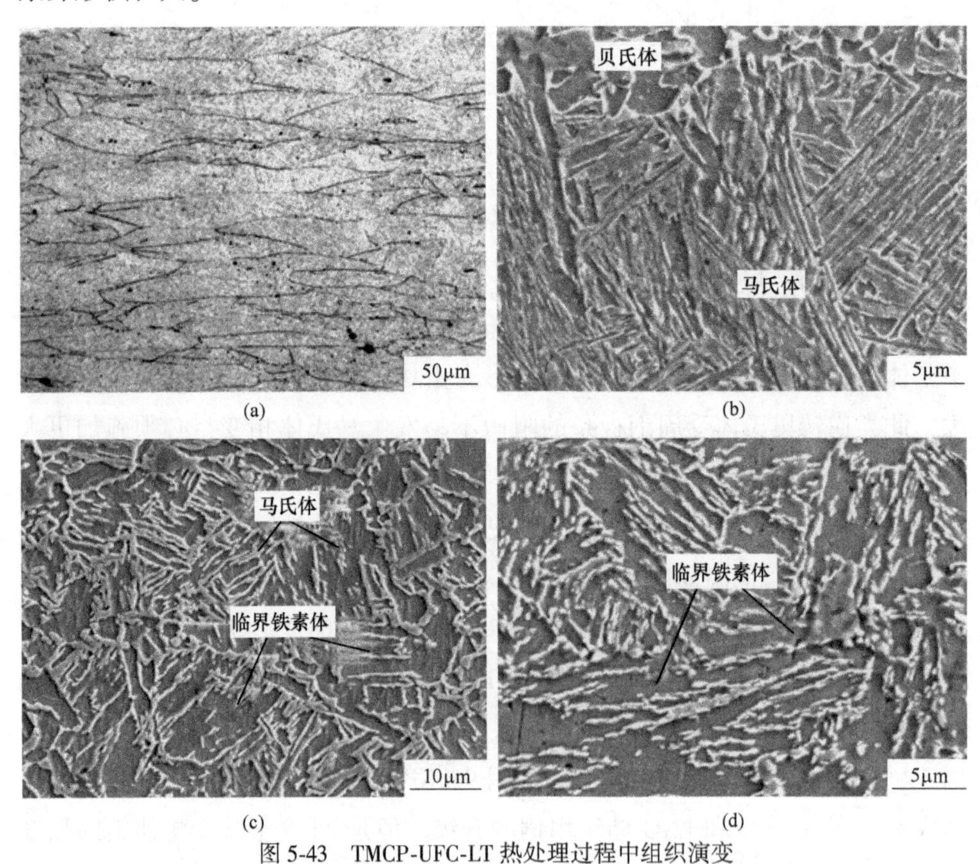

(a) (b) (c) (d)

图 5-43 TMCP-UFC-LT 热处理过程中组织演变

(a) TMCP 条件下原奥氏体晶粒；(b) TMCP-UFC；(c) TMCP-UFC-L；(d) TMCP-UFC-LT

图5-44示出了5%Ni钢不同热处理阶段的线扫描分析结果。可以看出，TMCP-UFC-L工艺处理后，C、Mn、Ni含量沿马氏体板条垂直方向有明显波动，说明在两相区保温过程中合金元素C、Mn、Ni在奥氏体和基体间发生了第一次配分，由于稳定性不够，在随后的淬火过程中奥氏体重新转变为板条马氏体。回火时，针状逆转奥氏体在板条界面处形核，其排列方向与板条平行，合金元素由板条向逆转奥氏体中扩散，使逆转奥氏体富集合金元素。

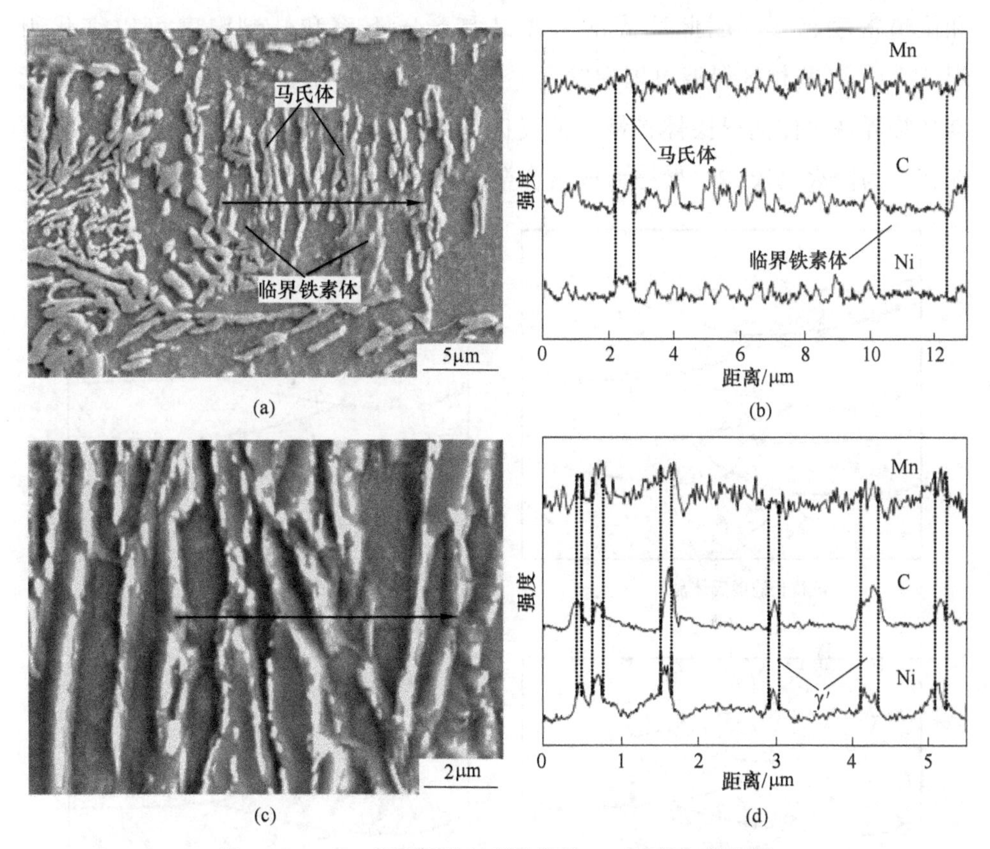

图5-44　5%Ni钢不同热处理阶段的EPMA线扫描结果

(a)，(b) TMCP-UFC-L；(c)，(d) TMCP-UFC-LT

富合金元素板条在回火过程中容易成为逆转奥氏体的形核点，这主要是因为：(1) 马氏体板条边界处，合金元素的含量较高，且界面处扩散速率较快，容易形成较大的浓度起伏，在某个微区达到形成逆转奥氏体所需的合金元素含量；(2) 板条界处形核为非均匀形核，所需的形核功较小；(3) 板条中的C、Ni、Mn原子只需较短距离便可以扩散到逆转奥氏体中，使逆转奥氏体的稳定性提高。

Ni 系低温钢 TMCP-UFC-LT 工艺各阶段组织演变过程示意图如图 5-45 所示。通过控制轧制得到伸长的奥氏体晶粒，增加了晶界面积，同时在晶内产生了大量变形带和高密度位错等缺陷。热轧后采用 UFC 快冷得到板条马氏体，由于晶界、变形带和位错均可作为形核点，马氏体组织得以细化。未再结晶区压下量越大、变形温度越低，奥氏体压扁的程度越大，晶内的变形带和位错密度越多，因此适当的未再结晶区压下率和轧制温度可以细化组织[80,81]。在两相区保温过程中发生了合金元素的配分，C、Mn、Ni 等合金元素从临界铁素体向奥氏体扩散，使奥氏体中富集合金元素，淬火后奥氏体重新转变为淬火马氏体，最终形成富合金元素的马氏体和贫合金元素的临界铁

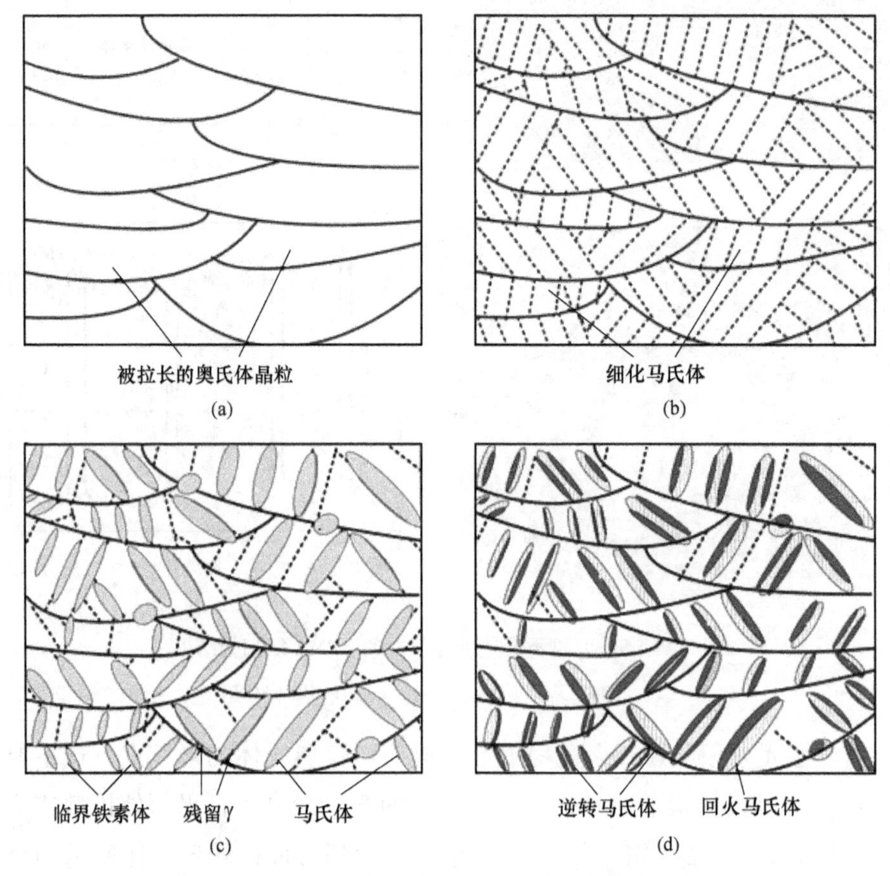

图 5-45 TMCP-UFC-LT 热处理过程中组织演变示意图

(a) TMCP 条件下原奥氏体晶粒；(b) TMCP-UFC；(c) TMCP-UFC-L；(d) TMCP-UFC-LT

素体双相组织，在马氏体板条边界还有少量残余奥氏体分布。回火时，逆转奥氏体从富合金元素的马氏体板条边界形核长大，残余奥氏体也可以作为逆转奥氏体的核心长大，最终得到细化的回火马氏体、临界铁素体和逆转奥氏体的混合组织，其中逆转奥氏体大多呈针状。回火马氏体可以提高钢的抗拉强度。临界铁素体强度较低，可以降低钢的屈强比，同时它还具有较好的塑性变形能力，在应力作用下可以发生塑性变形缓解局部应力集中，阻碍裂纹的形成和扩展，从而改善材料的塑性和韧性。逆转奥氏体吸收基体中的合金元素，降低了钢的强度，但是当逆转奥氏体含量较多时，逆转奥氏体可以提高钢的抗拉强度，这主要是拉伸过程中逆转奥氏体转变为淬火马氏体而产生的相变强化和逆转奥氏体向马氏体转变引起的体积膨胀在新转变马氏体处产生了较多的位错而引起的位错强化导致的。QT 热处理工艺条件下组织为回火马氏体和块状逆转奥氏体，强度较高，但塑性和冲击韧性较差；QLT 工艺处理的组织与 TMCP-UFC-LT 工艺相似，但是 QLT 工艺条件下马氏体组织较为粗大，导致钢板强度较低；TMCP-UFC-LT 工艺条件下得到细小的回火马氏体、临界铁素体和针状逆转奥氏体，具有最佳综合力学性能。

6 Ni 系低温钢的工业化应用

6.1 引言

实验室条件下进行的 Ni 系低温钢高温奥氏体变形规律、相变规律以及不同热处理工艺条件下钢板的组织性能变化规律的研究，为实现 Ni 系低温钢的工业化生产奠定了基础。在此基础上，结合现场的铸坯厚度、轧机能力、冷却能力等实际情况，精准控制热轧和热处理工艺参数，实现了 Ni 系低温钢的规模化生产，钢板各项力学性能良好，并通过了容标委和船级社的认证。

6.2 Ni 系低温钢工业生产

Ni 系低温钢的化学成分内控标准见表 6-1。

表 6-1 Ni 系低温钢板的化学成分（质量分数,%）

实验钢	C	Si	Mn	Ni	P	S	V
3.5%Ni	≤0.10	0.15~0.35	0.30~0.80	3.25~3.70	≤0.008	≤0.004	≤0.05
5%Ni	≤0.10	≤0.30	0.30~0.80	4.75~5.25	≤0.008	≤0.004	≤0.05

Ni 系低温钢板的生产流程为：铁水脱硫预处理→150 吨顶底复吹转炉→LF 炉精炼→RH 真空精炼→板坯连铸→步进梁式加热炉→高压水除鳞→轧制→矫直→切边→探伤→热处理（QT）→矫直→喷号标识→消磁→检验→入库。

由于 Ni 系低温钢的 Ni 含量较高，在加热炉中形成的高 Ni 氧化铁皮不易去除，为了保证钢板表面质量，连铸坯在入炉前，需进行修磨并涂上防高温氧化的 Ni 系钢专用涂料。图 6-1 示出了涂完涂料后的 5%Ni 钢连铸坯。图 6-2 为热轧后的 5%Ni 钢钢板，热轧板表面光亮平整，无明显的凹坑、麻坑和麻面等缺陷。

图 6-1 喷涂后的连铸坯

(a)

(b)

图 6-2 5%Ni 钢不同厚度规格的热轧板

（a）20mm 厚热轧板；（b）50mm 厚热轧板

工业化生产 50mm 厚和 80mm 厚 3.5%Ni 钢板的力学性能见表 6-2，1/2 处和 1/4 处的各项力学性能均满足 GB 3531 的要求，且低温韧性和屈服强度都有较大的富余量。

表 6-2 3.5%Ni 钢板的力学性能

厚度/mm	取样位置	$R_{p0.2}$/MPa	R_m/MPa	A/%	冲击性能	
					t/℃	KV_2/J
50	1/4 处	456	545	29.5	−110	281
	1/2 处	435	528	30.5	−110	236
80	1/4 处	423	526	30.0	−100	273
	1/2 处	405	515	30.5	−100	231

3.5%Ni 钢 50mm 厚板的显微组织如图 6-3 所示，表面组织为回火马氏体，

1/4处和 1/2 处基体组织为回火马氏体和粒状贝氏体，1/2 处粒状贝氏体含量较多。

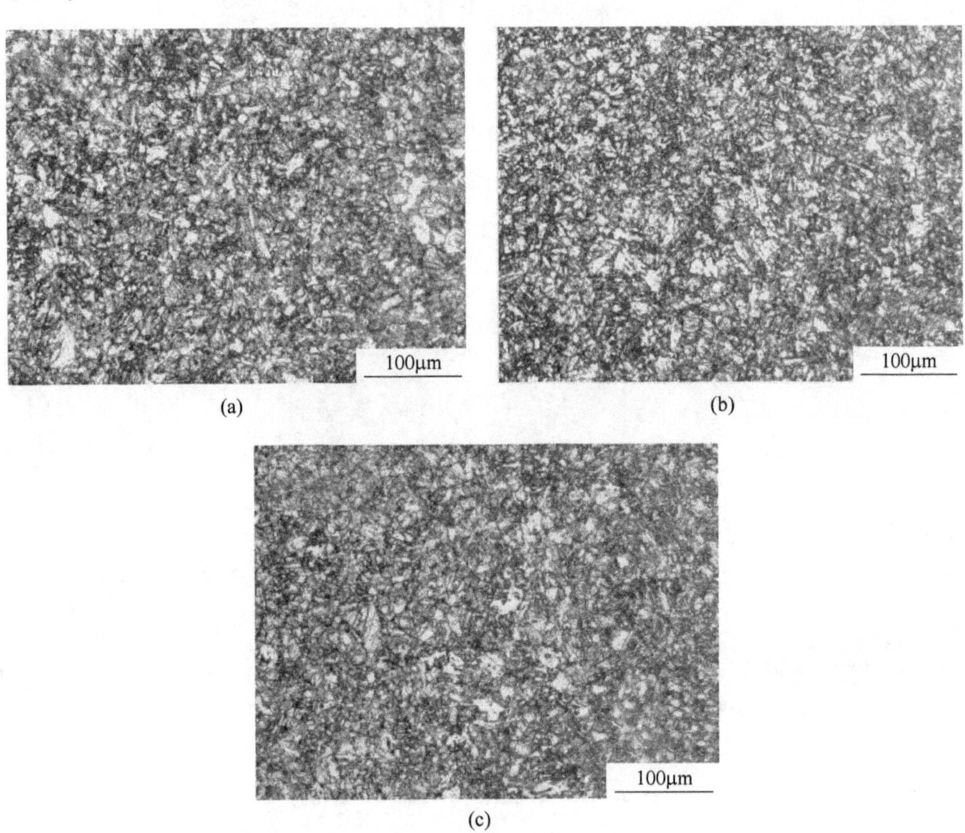

(a) (b) (c)

图 6-3 3.5%Ni 钢 50mm 厚板的回火组织

(a) 表面；(b) 1/4 处；(c) 1/2 处

工业化生产 20mm 厚和 50mm 厚 5%Ni 钢板的力学性能见表 6-3，各项力学性能均能满足 EN 10028 的要求。

表 6-3 5%Ni 钢板的力学性能

厚度/mm	取样位置	$R_{p0.2}$/MPa	R_m/MPa	A/%	KV_2（-135℃）/J
20	1/4 处	526	604	27.0	272
50	1/2 处	489	573	28.0	224
	1/4 处	488	575	28.5	228

5%Ni 钢 20mm 厚板的典型组织如图 6-4 所示，在 850℃奥氏体化 60min 后，原奥氏体晶粒基本为等轴晶，晶粒均匀细小，回火后钢板组织为回火马

氏体，原奥氏体晶界已经模糊不清。

5%Ni 钢 50mm 厚板的显微组织如图 6-5 所示，钢板表面、1/4 处和 1/2 处基体组织主要为回火马氏体，1/2 处还有少量粒状贝氏体。

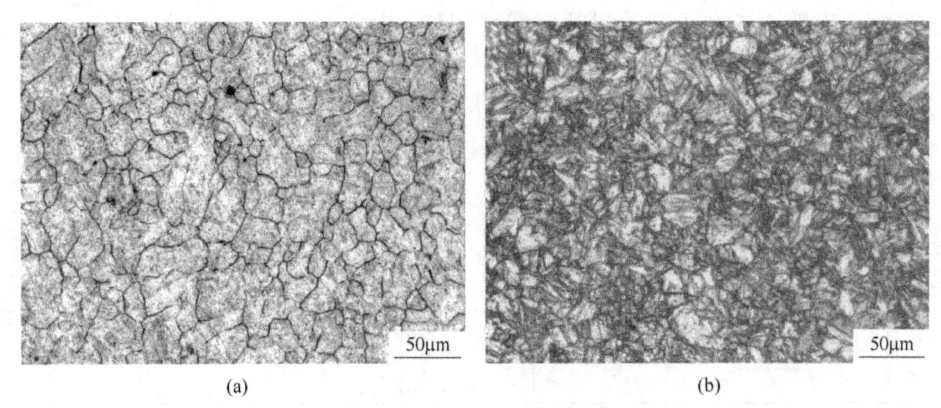

(a) (b)

图 6-4 5%Ni 钢 20mm 厚板的显微组织

(a) 原奥氏体晶粒；(b) 回火态组织

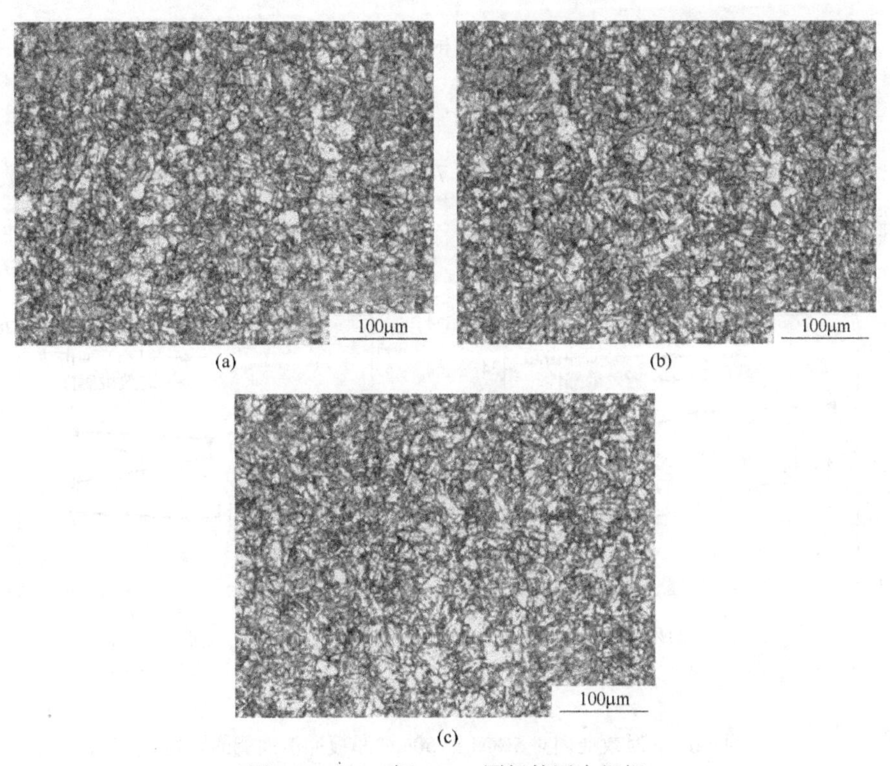

(a) (b) (c)

图 6-5 5%Ni 钢 50mm 厚板的回火组织

(a) 表面；(b) 1/4 处；(c) 1/2 处

3.5%Ni 钢时效冲击试验结果如图 6-6 所示，当钢板经过 2.5%~5%的冷变形+250℃×1h 的人工时效后，其室温和-100℃冲击功没有明显下降，当钢板经冷变形和 600℃×1h 的回火热处理后，室温和-100℃冲击功同样没有明显变化，表明 3.5%Ni 钢的时效敏感性很低。

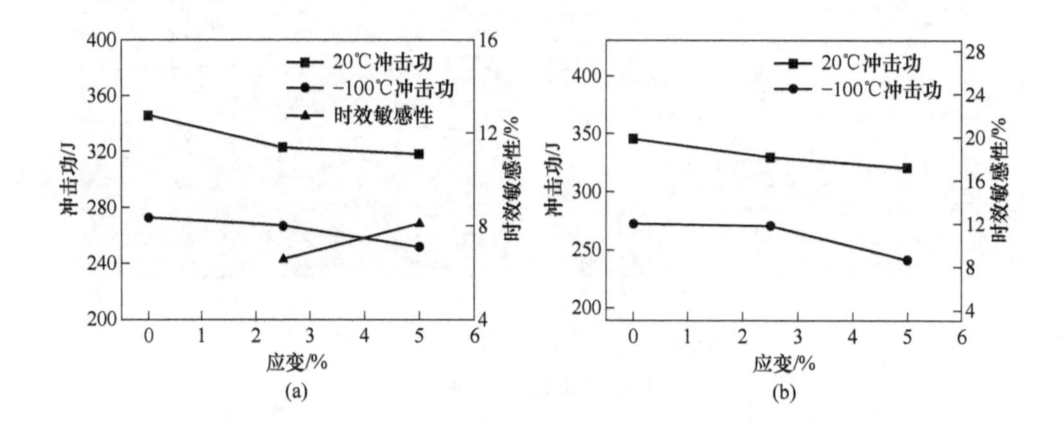

图 6-6 时效处理对 3.5%Ni 钢 80mm 厚板冲击性能的影响

(a) 变形+250℃时效；(b) 变形+600℃时效

5%Ni 钢时效冲击试验结果如图 6-7 所示，可以看到 5%Ni 钢的时效敏感性较低。

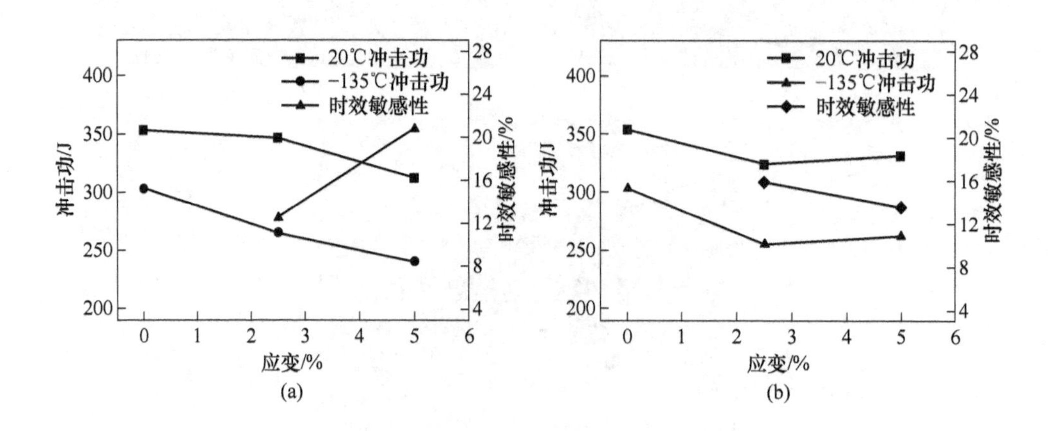

图 6-7 时效处理对 5%Ni 钢 50mm 厚板冲击性能的影响

(a) 变形+250℃时效；(b) 变形+600℃时效

3.5%Ni钢80mm厚板和5%Ni钢50mm厚板的落锤试验结果如表6-4所示，可以看到3.5%Ni钢和5%Ni钢均具有较低的无塑性转变温度。

表6-4 3.5%Ni钢和5%Ni钢板落锤试验结果

实验钢	位置	测试温度/℃							NDTT/℃
		-90	-95	-100	-105	-135	-115	-135	
3.5%Ni	表层	○，○	○，○	×					-100
	1/2处	○，○	○，○	○，×					-100
5%Ni	1/4处				○，○	○，○	○，○	○，○	-125
	1/2处				○，○	○，○	○，○	○，○	-125

注：○表示未断，×表示断裂。

选用5%Ni钢20mm厚钢板进行焊接性能测试，焊条为ϕ3.2mm的ENi9焊条，焊接线能量在8~20kJ/cm之间，拉伸、冷弯和冲击试验结果分别如表6-5和表6-6所示。可以看出，焊接接头的抗拉强度随着焊接线能量的增加变化不大，焊缝金属和热影响区在室温和-135℃时的冲击功也变化不大，均达到标准要求。

表6-5 不同焊接工艺下焊接接头的力学性能

线能量/kJ·cm^{-1}	R_m/MPa	断裂位置	弯轴直径/mm	支座间距/mm	弯曲角/(°)	侧弯
8	660	热影响区	40	63	180	全部合格
12	663	热影响区	40	63	180	全部合格
16	652	热影响区	40	63	180	全部合格
20	653	热影响区	40	63	180	全部合格

表6-6 不同焊接工艺下焊接接头的冲击韧性

线能量 /kJ·cm^{-1}	焊缝金属 KV_2(20℃)/J	热影响区 KV_2(20℃)/J	焊缝金属 KV_2(-135℃)/J	热影响区 KV_2(-135℃)/J
8	99，102，105（102）	278，285，280（281）	97，105，96（99）	198，190，175（188）
12	103，101，100（101）	264，278，270（271）	98，104，102（101）	184，200，178（187）
16	97，95，102（98）	271，268，274（271）	99，96，107（101）	221，194，162（192）
20	100，109，93（101）	266，259，258（261）	110，93，94（98）	183，170，175（176）

注：括号内数值为平均值。

对焊接接头进行焊后热处理，热处理温度分别为600℃、620℃，热处理时间为2h。焊接接头经焊后热处理后的拉伸、冷弯和冲击试验结果分别如表

6-7 和表 6-8 所示。可以看出，与焊态焊接接头相比，焊后热处理后接头的抗拉强度稍有下降，超低温韧性良好。

表 6-7 焊接接头不同焊接工艺的力学性能

热处理温度/℃	R_m/MPa	断裂位置	弯轴直径/mm	支座间距/mm	弯曲角/(°)	侧弯
600	648, 641 (645)	热影响区	40	63	180	全部合格
620	634, 640 (637)	热影响区	40	63	180	全部合格
焊态	657, 653 (655)	热影响区	40	63	180	全部合格

注：括号内数值为平均值。

表 6-8 焊接接头不同焊接工艺的冲击试验结果

热处理温度/℃	开口位置	测试温度/℃	冲击功/J
600	焊缝中心	20	101, 104, 95 (100)
		-135	100, 98, 97 (98)
	热影响区	20	279, 280, 275 (277)
		-135	190, 166, 179 (178)
620	焊缝中心	20	95, 103, 102 (100)
		-135	97, 97, 77 (98)
	热影响区	20	271, 275, 283 (276)
		-135	181, 206, 166 (184)

注：括号内数值为平均值。

南钢生产的 3. 5%Ni 钢和 5%Ni 钢于 2013 年通过了国家锅炉与压力容器标准化技术委员会的认证，可用于建造大型深冷储罐和深冷压力容器，并已开始为中石油等企业供货，供货量超过 8000t，取得了很好的经济效益。

参考文献

[1] 邱正华，张桂红，吴忠宪. 低温钢及其应用［J］. 石油化工设备技术，2004，25（2）：43~46.

[2] 李文钱，马光亭，麻衡，等. 热处理对16MnDR低温压力容器钢板组织和性能的影响［J］. 山东冶金，2011，33（5）：102~106.

[3] 黄维，高真凤，张志勤. Ni系低温钢现状及发展方向［J］. 鞍钢技术，2013，1：10~14.

[4] 张勇，王家辉，刘林. 3.5Ni钢的低温韧性试验［J］. 石油化工设备，1991，20（4）：28~31.

[5] 徐道荣，李平瑾，卜华全，等. 3.5Ni钢的热成形工艺试验研究［J］. 压力容器，1999，3：11~15.

[6] 荆洪阳，译. 结构钢的焊接-低合金钢的性能和冶金学［M］. 北京：冶金工业出版社，2004，59~61.

[7] Saitoh N，Yamaba R，Muraoka H，et al. Development of heavy 9% nickel steel plates with superior low-temperature toughness for LNG storage tanks［J］. Nippon Steel Technical Report，1993（7），58：9~16.

[8] Kubo T，Ohmori A，Tanigawa O. Proerties of high toughness 9%Ni heavy section steel plate and it's applicability to 200000kL LNG storage tanks［J］. Kawasaki Steel Technical Report，1999，40：72~79.

[9] Kim J I，Syn C K，Morris J W. Microstructural sources of toughness in QLT-treated 5.5Ni cryogenic steel［J］. Metallurgical Transactions A，1983，14：93~103.

[10] Nishigami H，Kusagawa M，Yamashita M，et al. Development and realization of large scale LNG storage tank applying 7% nickel steel plate［C］. Kuala Lumpur 2012 World Gas Conference，Kuala Lumpur，Malaysia，2012：1~18.

[11] 宋斌，金恒阁，王长生. 低温钢国内发展状况［J］. 黑龙江冶金，2009，29（1）：51~52.

[12] 朱霞，董俊慧. 低温钢的焊接性能及其应用［J］. 铸造技术，2013，34（11）：1538~1540.

[13] 张勇. 低温压力容器用钢的现状与发展概况［J］. 压力容器，2006，23（4）：31~34.

[14] 庞辉勇，谢良法，李经涛. 提高3.5Ni厚钢板低温冲击韧性的研究［J］. 压力容器，2009，26（10）：29~33.

[15] 朱莹光，敖列哥，侯家平，等. 5%Ni钢热处理工艺研究［J］. 鞍钢技术，2014（1）：34~37.

[16] 朱绪祥，刘东升. 低 C 含 7.7%Ni 低温钢经两相区淬火后的组织性能 [J]. 钢铁，2013，48（11）：72~83.

[17] ASTM Committee. ASTM A203/A203M-97，Standard specification for pressure vessel plates，alloy steel，nickel [S]. West Conshohocken：ASTM，1997，2.

[18] ASTM Committee. ASTM A645/A645M-10，Standard specification for pressure vessel plates，5% and 5.5% nickel alloy steels，specially heat treated [S]. West Conshohocken：ASTM，2010，2.

[19] ASTM Committee. ASTM A553/A553M-10，Standard specification for pressure vessel plates，alloy steel，quenched and tempered 8 and 9% nickel [S]. West Conshohocken：ASTM，2010，2.

[20] Standards Policy and Strategy Committee on 2009. EN 10028-4：2003，Flat products made of steels for prossure purposes-Part4：nickel alloy steels with specified low temperature properties [S]. London：British Standards Institution，2009，6.

[21] Japanese Industrial Standards committee. JIS G3127：2005，Nickel steel plates for pressure vessels for low temperature service [S]. Tokyo：Japanese Standards Association，2006，5.

[22] 全国钢标准化技术委员会. GB/T 3531—2014，低温压力容器用钢板 [S]. 北京：中国标准出版社，2014，3.

[23] 全国钢标准化技术委员会. GB 24510—2009，低温压力容器用 9%Ni 钢板 [S]. 北京：中国标准出版社，2009，2.

[24] 易邦学，钱学君，郎文旺，等. 镍含量对 13Cr 型低碳马氏体不锈钢性能的影响 [J]. 金属功能材料，1992（2）：75~78.

[25] 雍岐龙. 钢铁材料中的第二相 [M]. 北京：冶金工业出版社，2006：7~24.

[26] 徐恒钧. 材料学基础 [M]. 北京：北京工业大学出版社，2001：415~416.

[27] 德林. 金属力学性质 [M]. 北京：机械工业出版社，1987：91~94.

[28] Kubo T. 9Ni% steel with high brittle crack arrestability [J]. JFE Technical Report，2008，11：29~31.

[29] 王有铭，李曼云，韦光. 钢材的控制轧制和控制冷却 [M]. 北京：冶金工业出版社，2009：93~97.

[30] Balasubrahmanyam V V，Prasad Y V R K. Deformation behaviour of Beta titanium alloyTi-10V-4.5Fe-1.5Al in hot upset forging [J]. Materials Science and Engineering A，2002，336（1~2）：150~158.

[31] Cabrer J M，Mateo A，Llanes L，et al. Hot deformation of duplex stainless steels [J]. Journal of Materials Processing Technology，2003，143~144：321~334.

[32] 刘振宇，许云波，王国栋. 热轧钢材组织-性能演变的模拟和预测 [M]. 沈阳：东北大学出版社，2004，91~92.

[33] Hamada A S, Karjalainen L P, Somani M C, et al. The influence of aluminum on hot deformation behavior and tensile properties of high-Mn TWIP steels [J]. Materials Science and Engineering A, 2007, 467 (1~2): 114~124.

[34] McQueen H J, Yue S, Ryan N D, et al. Hot working characteristics of steels in austenitic state [J]. Journal of Materials Processing Technology, 1995, 53 (1~2): 293~310.

[35] 戴起勋，王安东，程晓农. 低温奥氏体钢的层错能 [J]. 钢铁研究学报，14 (4): 34~37.

[36] 席慧智，宇东，方双全. 固态转变 [M]. 北京：国防工业出版社，2011：89~92.

[37] 刘宗昌，任慧平，王海燕. 奥氏体形成与珠光体转变 [M]. 北京：冶金工业出版社，2010：107~108.

[38] 胡素坤，鲁彦平. 国产5Ni钢性能和组织结构与热处理工艺关系的研究 [J]. 材料开发与应用，1989，1：1~5.

[39] 谢章龙，刘振宇，王国栋. 热处理工艺对9Ni钢组织与性能的影响 [J]. 金属热处理，2010，35 (6)：37~42.

[40] 石金柱. 热处理工艺对3.5Ni机械性能的影响 [J]. 山西机械，2003，1：9~11.

[41] Chen J, Lv M Y, Liu Z Y, et al. Combination of ductility and toughness by the design of fine ferrite/tempered martensite-austenite microstructure in a low carbon medium manganese alloyed steel plate [J]. Materials Science and Engineering A, 2015, 648: 51~56.

[42] Bilmes P D, Solari M, Llorente C I. Characteristics and effects of austenite resulting from tempering of 13Cr-NiMo artensitic steel weld metals [J]. Materials Characterization, 2001, 46: 285~296.

[43] 王春芳. 低合金马氏体钢强韧性组织控制单元的研究 [D]. 北京：钢铁研究总院，2008.

[44] Zhang C Y, Wang Q F, Ren J X, et al. Effect of martensitic morphology on mechanical properties of an as-quenched and tempered 25CrMo48V steel [J]. Materials Science and Engineering A, 2012, 534: 339~346.

[45] 顾顺杰. 淬火温度对低合金耐蚀油井管组织和力学性能的影响 [D]. 秦皇岛：燕山大学，2014.

[46] 徐洲，赵连城. 金属固态相变原理 [M]. 北京：科学出版社，2004：135~136.

[47] 兰亮云，邱春林，赵德文，等. 低碳贝氏体钢焊接热影响区中不同亚区的组织特征与韧性 [J]. 金属学报，2011，47 (8)：1046~1054.

[48] Chen J, Tang S, Liu Z Y, et al. Microstructural characteristics with various cooling paths and

the mechanism of embrittlement and toughening in low-carbon high performance bridge steel [J]. Materials Science and Engineering A, 2013, 559: 241~249.

[49] 周砚磊，徐洋，陈俊，等. FH550级海洋平台用钢冲击断裂行为实验研究 [J]. 金属学报，2011，47 (11)：1382~1387.

[50] Li Z C, Ding H, Cai Z H. Mechanical properties and austenite stability in hotrolled 0.2C-1.6/3.2Al-6Mn-Fe TRIP steel [J]. Materials Science and Engineering A, 2015, 639: 559~566.

[51] 侯家平，潘涛，朱莹光，等. 临界淬火工艺对9Ni低温钢力学性能及精细组织的影响 [J]. 材料热处理学报，2014，35 (10)：88~93.

[52] Kim J I, Morris J W. On the effects of intercritical tempering on the impact energy of Fe-9Ni-0.1C [J]. Metallurgical Transactions A, 1978, 11: 1401~1406.

[53] 雷鸣，郭蕴宜. 9%Ni钢中沉淀奥氏体的形成过程及其在深冷下的表现 [J]. 金属学报，1989，25 (1)：13~17.

[54] Frear D, Morris J W. A study of the effect of precipitated austenite on the fracture of a ferritic cryogenic steel [J]. Metallurgical Transactions A, 1986, 17: 243~252.

[55] Gao G H, Zhang H, Gui X L, et al. Enhanced ductility and toughness in an ultrahigh-strength Mn-Si-Cr-C steel: the great potential of ultrafine filmy retained austenite [J]. Acta Materialia, 2014, 76: 425~433.

[56] Strife J R, Passoja D E. The effect of heat treatment on microstructure and cryogenic fracture properties in 5Ni and 9Ni steel [J]. Metallurgical and Materials Transactions A, 1980, 11 (8): 1341~1350.

[57] 姜雯. 超级马氏体不锈钢组织性能及逆变奥氏体机制的研究 [D]. 昆明：昆明理工大学，2014.

[58] Kang J, Wang C, Wang G D, et al. Microstructural characteristics and impact fracture behavior of a high-strength low-alloy steel treated by intercritical heat treatment [J]. Materials Science and Engineering A, 553: 96~104.

[59] 沈俊昶，罗志俊，杨才福. 板条组织低合金钢中影响低温韧性的"有效晶粒尺寸" [J]. 钢铁研究学报，2014，26 (7)：70~76.

[60] Kim S, Lee S, Lee B S, et al. Effects of grain size on fracture toughness in transition temperature region of Mn-Mo-Ni low-alloy steels [J]. Materials Science and Engineering A, 2003, 359 (1~2): 198~209.

[61] Wang C F; Wang M Q; Shi J; et al. Effect of microstructural refinement on the toughness of low carbon martensitic steel [J]. Scripta Materialia, 58 (6): 492~495.

[62] Wu D Y, Han X L, Tian H T, et al. Microstructural characterization and mechanical

properties analysis of weld metals with two Ni contents during post-weld heat treatments [J]. Metallurgical and Materials Transactions A, 2015, 46 (5): 1973~1984.

[63] 张弗天，楼志飞，叶裕恭，等. Ni9 钢的显微组织在变形-断裂过程中的行为 [J]. 金属学报，1994，30 (6)：239~247.

[64] Zou Y, Xu Y B, Hu Z P, et al. Austenite stability and its effect on the toughness of a high strength ultra-low carbon medium manganese steel plate [J]. Materials Science and Engineering A, 2016, 675: 153~163.

[65] Syn C K, Fultz B, Morris J W. Mechanical stability of retained austenite in tempered 9Ni steel [J]. Metallurgical Transactions A, 1978, 9: 1635~1641.

[66] Fultz B, Morris J W. The mechanical stability of precipitated austenite in 9Ni steel [J]. Metallurgical Transactions A, 1985, 16: 2251~2256.

[67] 谢振家，尚成嘉，周文浩，等. 低合金多相钢中残余奥氏体对塑性和韧性的影响 [J]. 金属学报，2016，52 (2)：224~232.

[68] Xie Z J, Yuan S F, Zhou W H, et al. Stabilization of retained austenite by the two-step intercritical heat treatment and its effect on the toughness of a low alloyed steel [J]. Materials & Design, 2014, 59: 193~198.

[69] 杨跃辉，蔡庆伍，武会宾，等. 两相区热处理过程中回转奥氏体的形成规律及其对 9Ni 钢低温韧性的影响 [J]. 金属学报，2009，45 (3)：270~274.

[70] 张坤，唐荻，武会宾，等. 两相区淬火对 9Ni 钢中逆转变奥氏体的影响 [J]. 材料热处理学报，2012，33 (8)：59~63.

[71] 张坤，武会宾，唐荻，等. 9Ni 钢中逆转变奥氏体的稳定性 [J]. 北京科技大学学报，2012，34 (6)：651~656.

[72] 王长军，梁剑雄，刘振宝，等. 亚稳奥氏体对低温海工用钢力学性能的影响与机理 [J]. 金属学报，2016，52 (4)：385~393.

[73] Pan T, Zhu J, Su H, et al. Ni segregation and thermal stability of reversed austenite in a Fe-Ni alloy processed by QLT heat treatment [J]. Rare Metals, 34 (11): 776~782.

[74] Tsuchiyama T, Inoue T, Tobata J, et al. Microstructure and mechanical properties of a medium manganese steel treated with interrupted quenching and intercritical annealing [J]. Scripta Materialia, 2016, 122: 36~39.

[75] Jimenez-Melero E, Van Dijk N H, Zhao L, et al. Martensitic transformation of individual grains in low-alloyed TRIP steels [J]. Scripta Materialia, 2007, 56: 421~424.

[76] 顾晓辉，刘军，石继红. 亚温淬火工艺对 45 钢组织和性能的影响 [J]. 金属热处理，2011，36 (11)：69~72.

[77] 王冀恒，李惠，谢春生，等. 35CrMo钢亚温淬火强韧化组织与性能研究 [J]. 热加工工艺，2009，38 (6)：144~146.

[78] 黄开有，唐明华，胡双开. 亚温淬火抑制25MnV钢的高温回火脆性 [J]. 金属热处理，2012，37 (7)：83~85.

[79] 马跃新，周子年. 30CrMnSiA钢亚温淬火工艺研究 [J]. 热加工工艺，2009，38 (8)：151~153.

[80] Dhua S K，Sen S K. Effect of direct quenching on the microstructure and mechanical properties of the lean-chemistry HSLA-100 steel plates [J]. Materials Science and Engineering A，2011，528 (21)：6356~6365.

[81] Hwang G C，Lee S，Yoo J Y，et al. Effect of direct quenching on microstructure and mechnical properties of copper-bearing high- strength alloy steels [J]. Materials Science and Engineering A，1998，252：256~268.

[82] Wang B X，Lian J B. Effect of microstructure on low-temperature toughness of a low carbon Nb-V-Ti microalloyed pipeline steel [J]. Materials Science and Engineering A，2014，592：50~56.

RAL · NEU 研究报告

（截至 2018 年）

No. 0001 大热输入焊接用钢组织控制技术研究与应用
No. 0002 850mm 不锈钢两级自动化控制系统研究与应用
No. 0003 1450mm 酸洗冷连轧机组自动化控制系统研究与应用
No. 0004 钢中微合金元素析出及组织性能控制
No. 0005 高品质电工钢的研究与开发
No. 0006 新一代 TMCP 技术在钢管热处理工艺与设备中的应用研究
No. 0007 真空制坯复合轧制技术与工艺
No. 0008 高强度低合金耐磨钢研制开发与工业化应用
No. 0009 热轧中厚板新一代 TMCP 技术研究与应用
No. 0010 中厚板连续热处理关键技术研究与应用
No. 0011 冷轧润滑系统设计理论及混合润滑机理研究
No. 0012 基于超快冷技术含 Nb 钢组织性能控制及应用
No. 0013 奥氏体-铁素体相变动力学研究
No. 0014 高合金材料热加工图及组织演变
No. 0015 中厚板平面形状控制模型研究与工业实践
No. 0016 轴承钢超快速冷却技术研究与开发
No. 0017 高品质电工钢薄带连铸制造理论与工艺技术研究
No. 0018 热轧双相钢先进生产工艺研究与开发
No. 0019 点焊冲击性能测试技术与设备
No. 0020 新一代 TMCP 条件下热轧钢材组织性能调控基本规律及典型应用
No. 0021 热轧板带钢新一代 TMCP 工艺与装备技术开发及应用
No. 0022 液压张力温轧机的研制与应用
No. 0023 纳米晶钢组织控制理论与制备技术
No. 0024 搪瓷钢的产品开发及机理研究
No. 0025 高强韧性贝氏体钢的组织控制及工艺开发研究
No. 0026 超快速冷却技术创新性应用——DQ&P 工艺再创新
No. 0027 搅拌摩擦焊接技术的研究
No. 0028 Ni 系超低温用钢强韧化机理及生产技术
No. 0029 超快速冷却条件下低碳钢中纳米碳化物析出控制及综合强化机理
No. 0030 热轧板带钢快速冷却换热属性研究
No. 0031 新一代全连续热连轧带钢质量智能精准控制系统研究与应用
No. 0032 酸性环境下管线钢的组织性能控制

（2019 年待续）